① 몇

● 60, 70, 80, 90을 알아볼까요?

10개씩 묶음 ♥개는 ♥0입니다.

	쓰기	읽기
10개씩 묶음 6개	60	육십 / 예순
10개씩 묶음 7개	70	칠십 / 일흔
10개씩 묶음 8개	80	팔십 / 여든
10개씩 묶음 9개	90	구십 / 아흔

1~4 그림을 보고 □ 안에 알맞은 수를 써넣으세요.

1

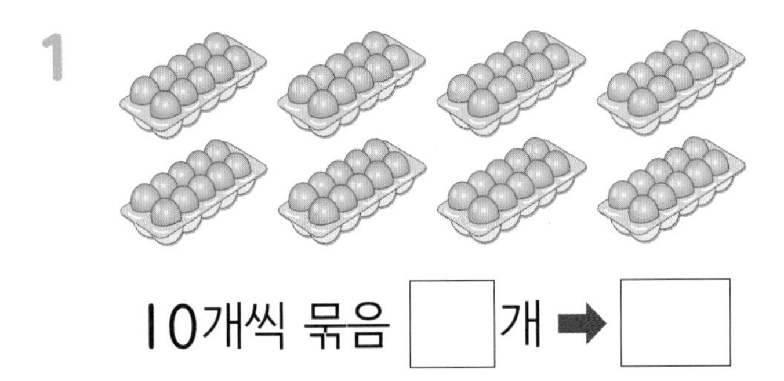

10개씩 묶음 □개 ➡ □

3

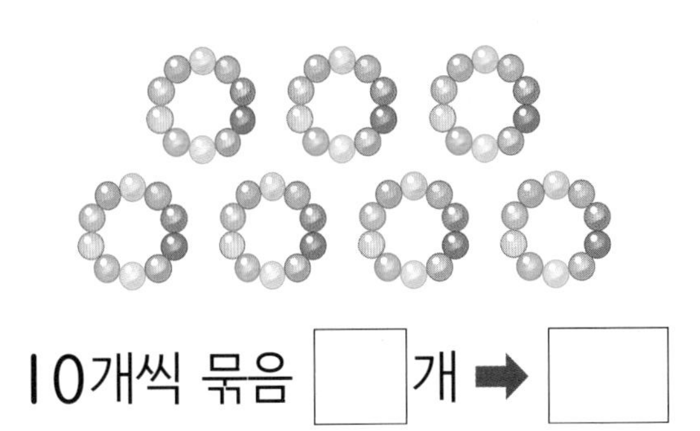

10개씩 묶음 □개 ➡ □

2

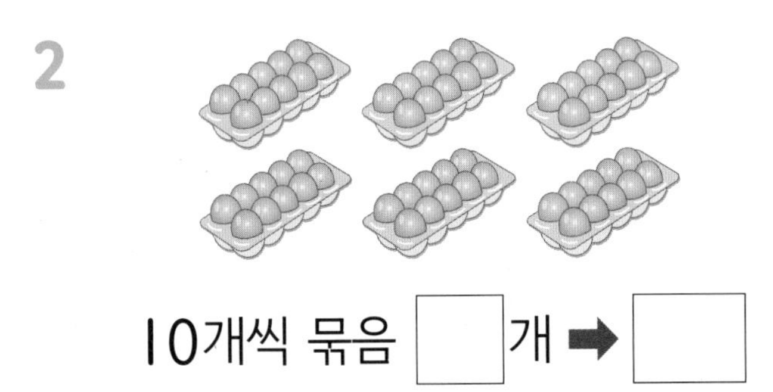

10개씩 묶음 □개 ➡ □

4

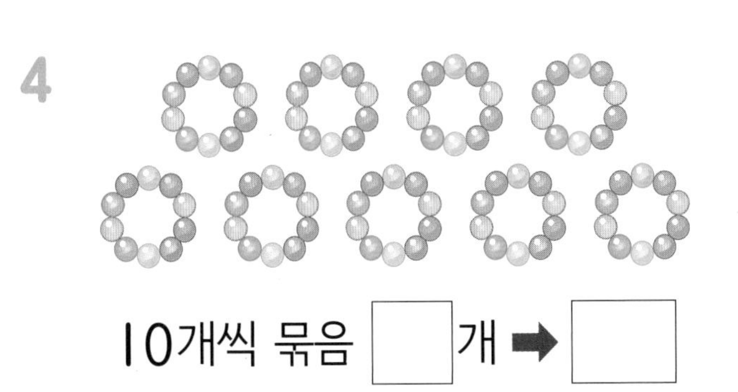

10개씩 묶음 □개 ➡ □

5~8 개수를 세어 □ 안에 알맞은 수를 써넣으세요.

9~12 동전은 모두 얼마인지 □ 안에 알맞은 수를 써넣으세요.

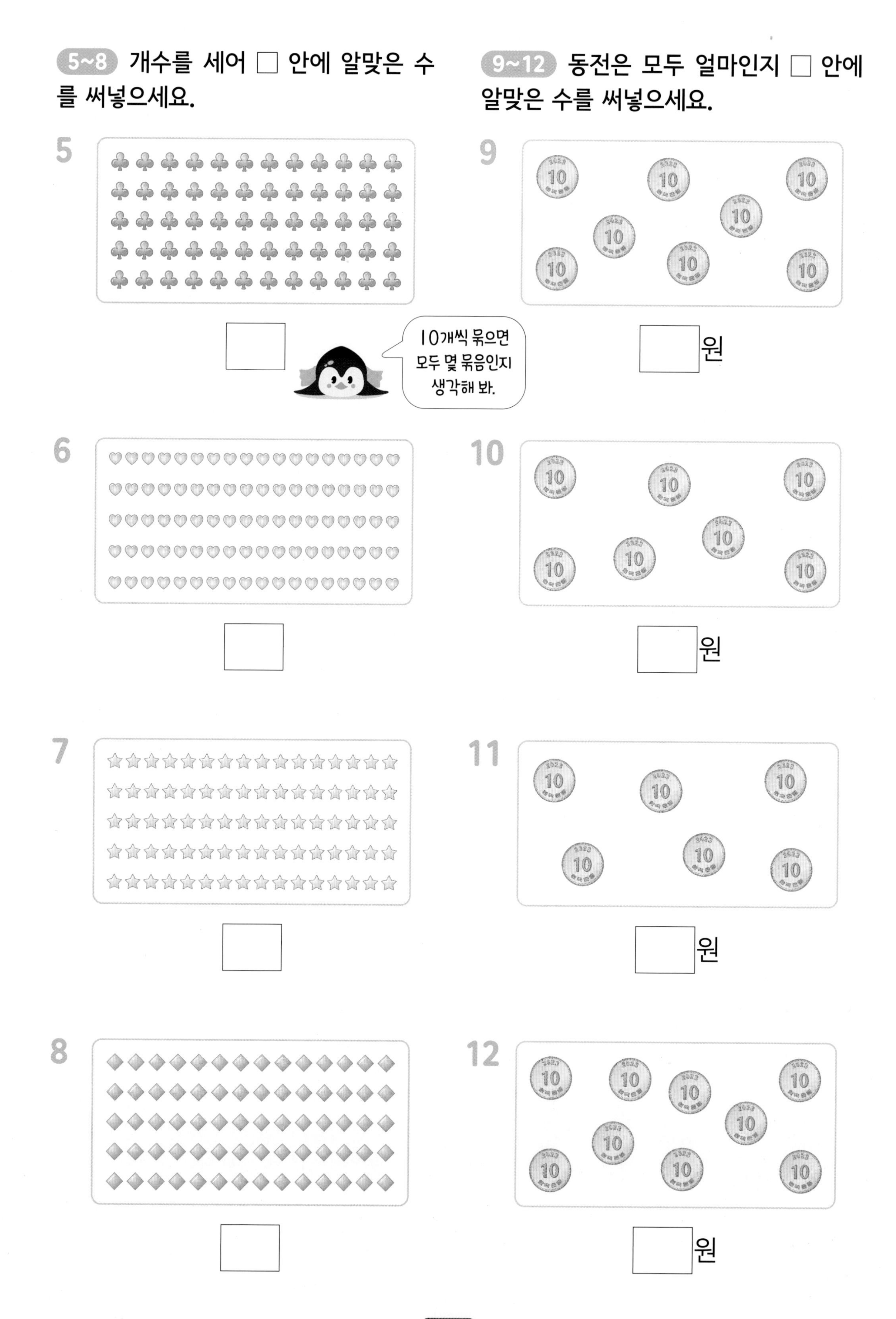

13~15 수를 두 가지 방법으로 읽어 보세요.

13
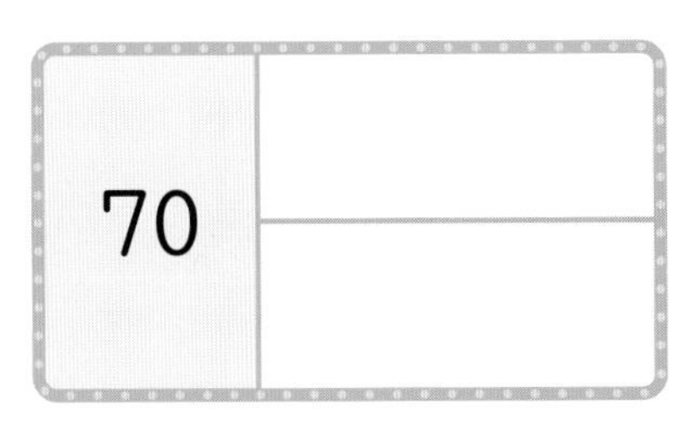
70

14
90

15
80

16~18 관계있는 것끼리 이어 보세요.

16

80 •	• 칠십
60 •	• 육십
70 •	• 팔십

17

70 •	• 아흔
90 •	• 여든
80 •	• 일흔

18

육십 •	• 일흔
구십 •	• 예순
칠십 •	• 아흔

나뭇잎이 10장씩 6묶음 있습니다. 나뭇잎은 모두 몇 장인가요?

10개씩 묶음  개는 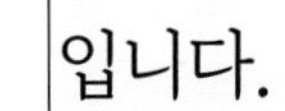 입니다.

따라서 나뭇잎은 모두 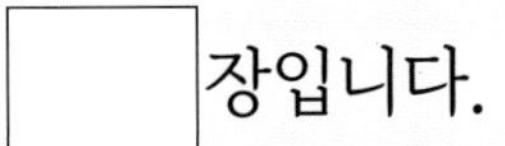 장입니다.

답 ☐ 장

놀러 가고 싶은 곳 찾기

수를 바르게 읽은 길을 따라가면 지호가 친구들과 놀러 가고 싶은 곳을 알 수 있습니다. 지호가 친구들과 놀러 가고 싶은 곳은 어디일까요?

② 99까지의 수

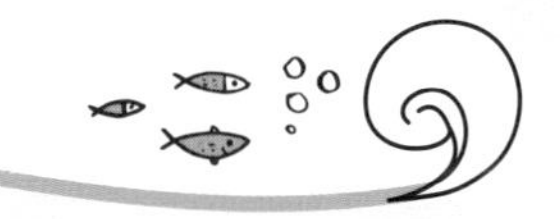

● 67과 82를 알아볼까요?

10개씩 묶음 ♥개와 낱개 ★개는 ♥★입니다.

	10개씩 묶음	낱개	쓰기	읽기
	6	7	67	육십칠
				예순일곱
	8	2	82	팔십이
				여든둘

67을 '육십일곱'이나 '예순칠'로 읽지 않도록 주의해.

1~4 그림을 보고 빈칸에 알맞은 수를 써넣으세요.

1

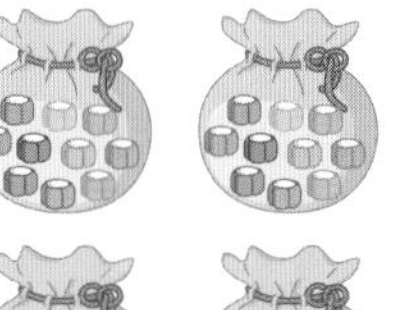
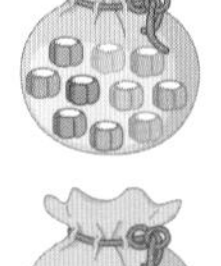
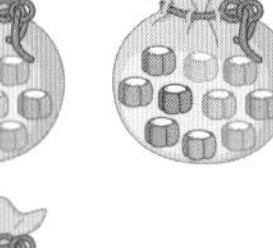

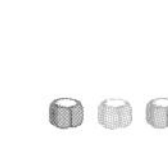

10개씩 묶음	낱개
7	3

➡ □

3

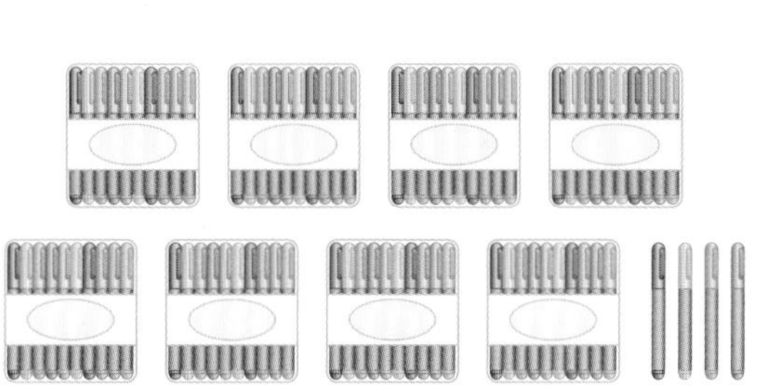

10개씩 묶음	낱개

➡ □

2

10개씩 묶음	낱개

➡ □

4

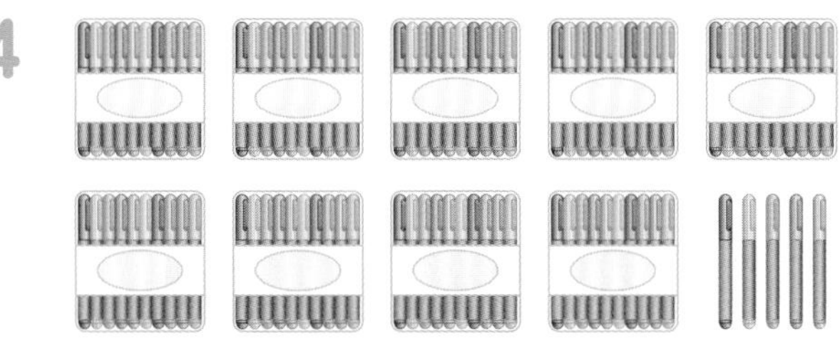

10개씩 묶음	낱개

➡ □

5~9 □ 안에 알맞은 수를 써넣으세요.

5

10개씩 묶음	낱개
6	9

➡ □

6

10개씩 묶음	낱개
9	1

➡ □

7

10개씩 묶음	낱개
8	6

➡ □

8

10개씩 묶음	낱개
5	4

➡ □

9

10개씩 묶음	낱개
7	2

➡ □

10~14 빈칸에 알맞은 수를 써넣으세요.

10

83	
10개씩 묶음	
낱개	

11

56	
10개씩 묶음	
낱개	

12

78	
10개씩 묶음	
낱개	

13

65	
10개씩 묶음	
낱개	

14

94	
10개씩 묶음	
낱개	

15~17 수를 두 가지 방법으로 읽어 보세요.

15

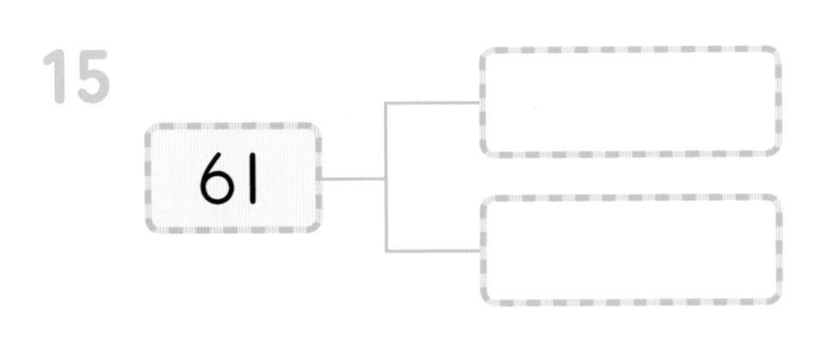

16

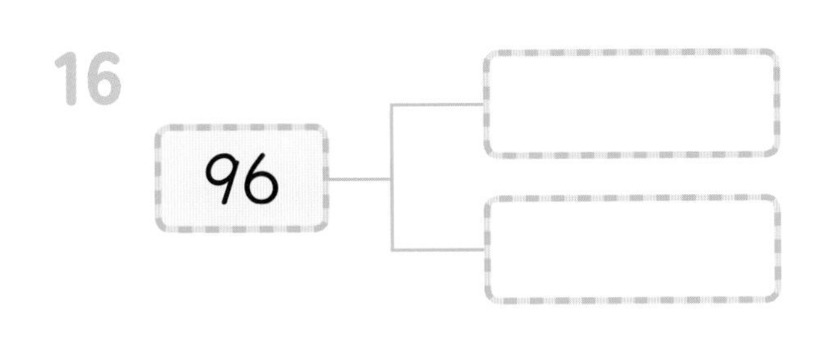

17

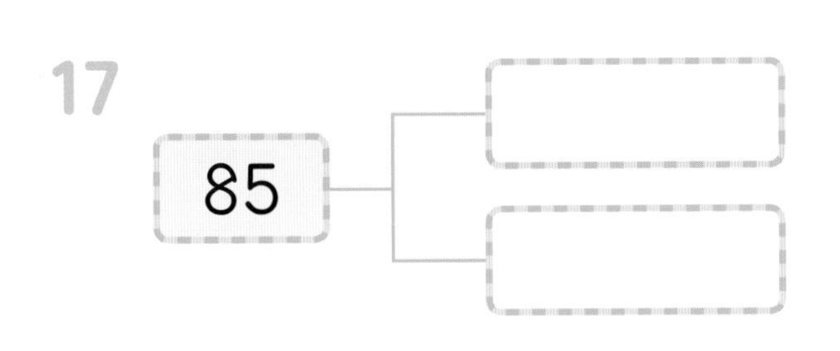

18~20 나타내는 수가 다른 것을 찾아 색칠하세요.

18

오십팔

쉰다섯

58

19

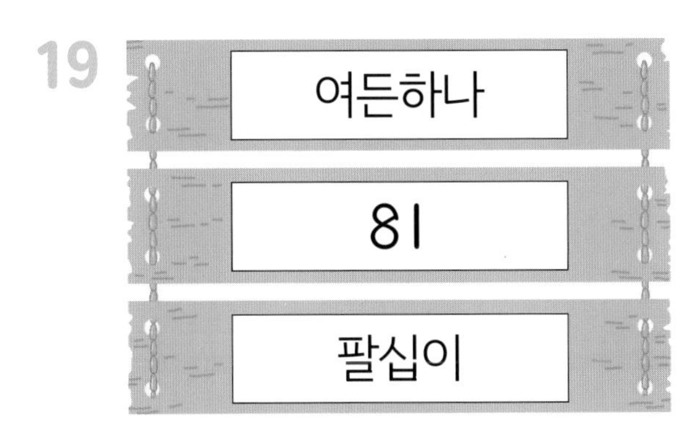

20

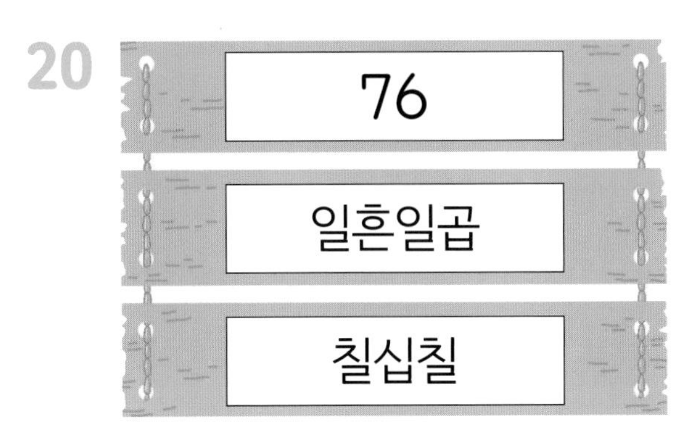

풍선이 10개씩 7묶음과 낱개로 4개 있습니다. 풍선은 모두 몇 개인가요?

10개씩 묶음 [ ] 개와 낱개 4개는 [ ] 입니다.

따라서 풍선은 모두 [ ] 개입니다.

답 [ ] 개

어느 홀에 들어가야 할까요?

지훈이는 성희와 함께 연극을 관람하러 갔습니다. 그런데 실수로 관람권에 얼룩을 묻혀 연극을 어느 홀에서 관람하는지 알 수 없습니다. 관람권에 밑줄 그은 정원을 보고 어느 홀에 들어가면 되는지 알아보세요.

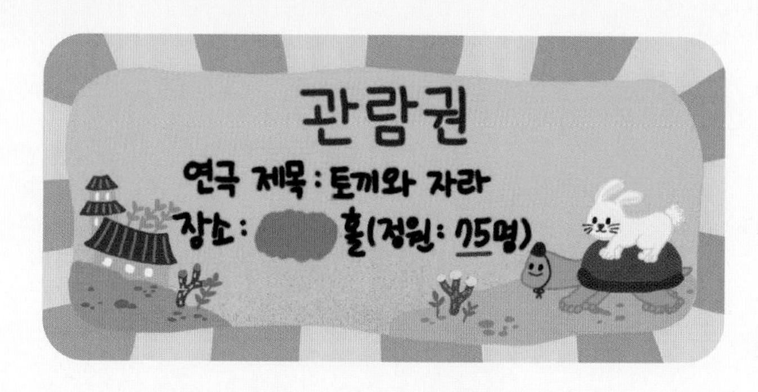

관람권
연극 제목 : 토끼와 자라
장소 : 홀(정원 : 75명)

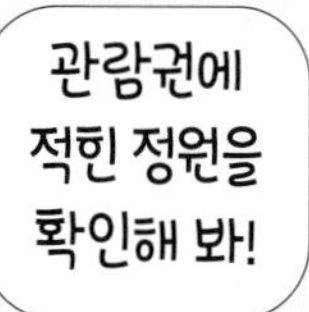

정원: 칠십이 명

정원: 오십칠 명

정원을 바르게 읽은 것을 찾아보자!

지훈

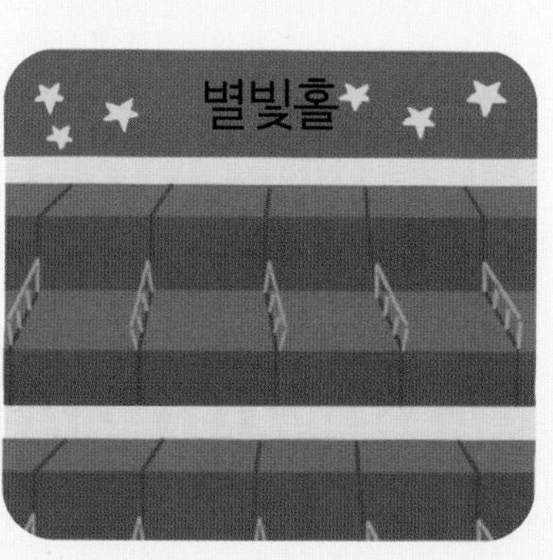

정원: 일흔다섯 명

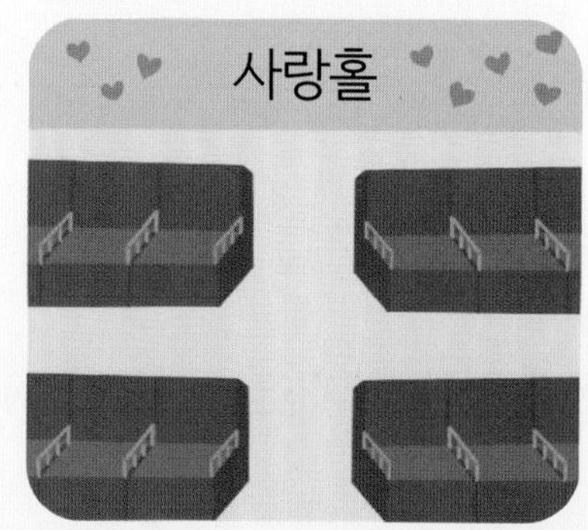

정원: 예순다섯 명

성희

1주 2일
정답 확인

오늘 나의 실력을 평가해 봐!

부모님 응원 한마디

③ 100까지 수의 순서(1)

● 51부터 100까지 수의 순서를 알아볼까요?

51	52	53	54	55	56	57	58	59	60
61	62	63	64	65	66	67	68	69	70
71	72	73	74	75	76	77	78	79	80
81	82	83	84	85	86	87	88	89	90
91	92	93	94	95	96	97	98	99	100

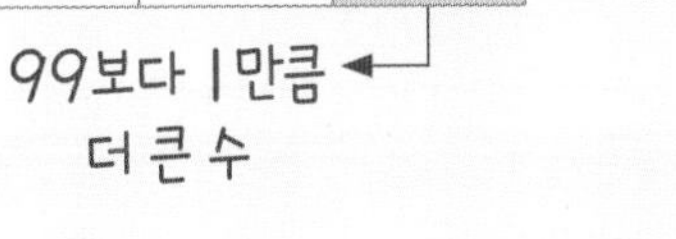

수를 순서대로 쓰면 99 바로 뒤의 수는 100이야.

- 78보다 1만큼 더 작은 수는 77입니다.
- 78보다 1만큼 더 큰 수는 79입니다.
- 77과 79 사이에 있는 수는 78입니다.

1~8 두 수 사이에 있는 수를 빈칸에 써넣으세요.

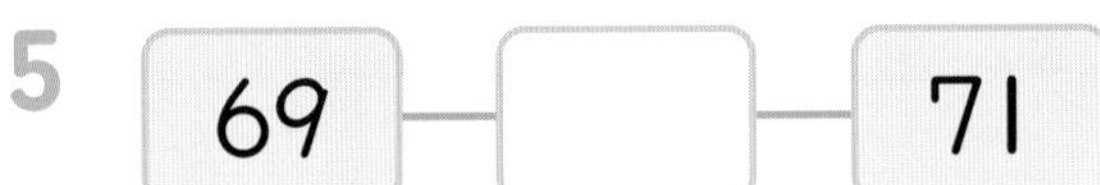

1 51 — ☐ — 53

5 69 — ☐ — 71

2 83 — ☐ — 85

6 76 — ☐ — 78

3 95 — ☐ — 97

7 54 — ☐ — 56

4 62 — ☐ — 64

8 88 — ☐ — 90

9~20 수의 순서에 맞게 빈칸에 알맞은 수를 써넣으세요.

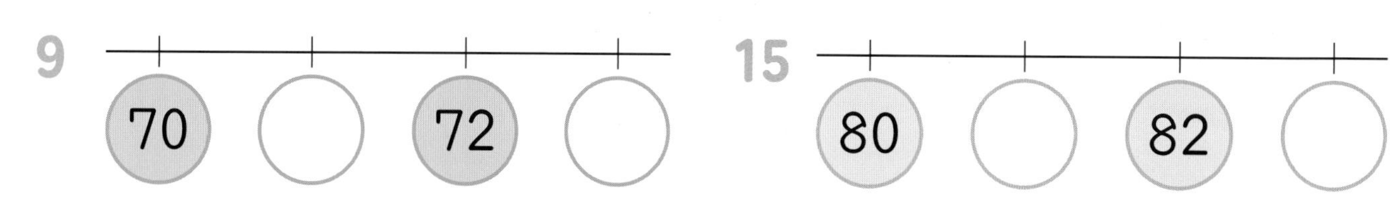

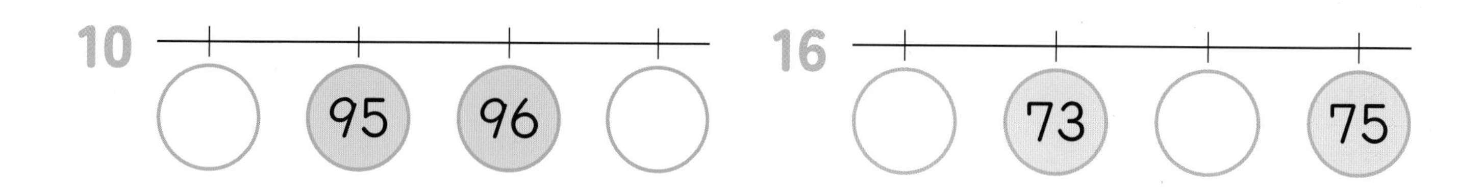

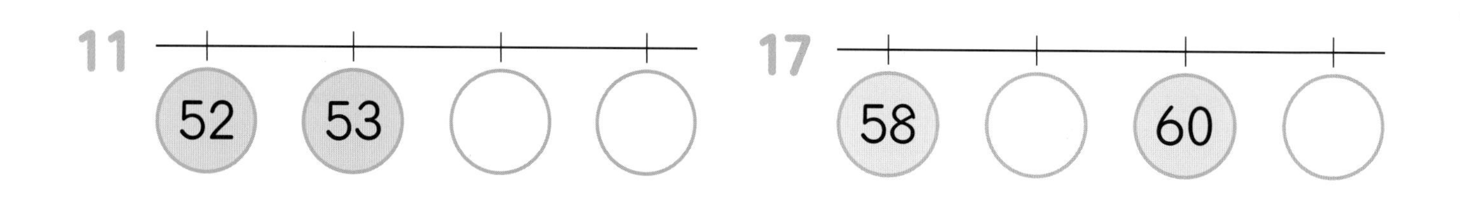

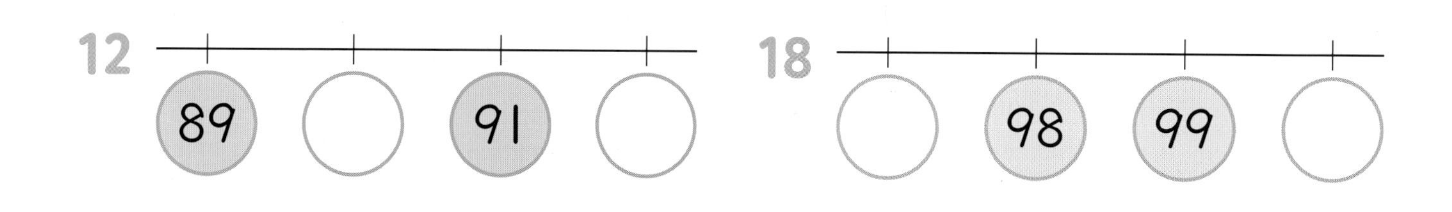

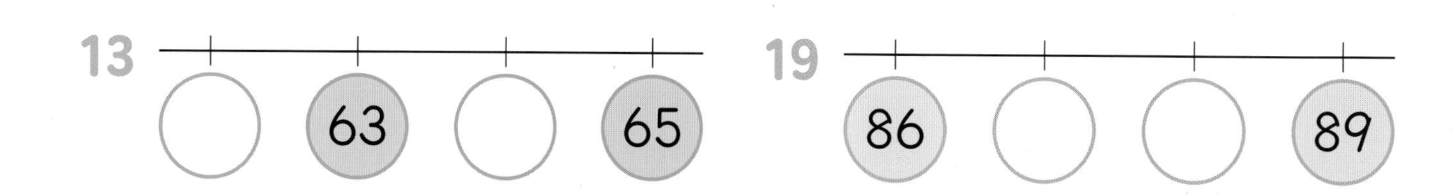

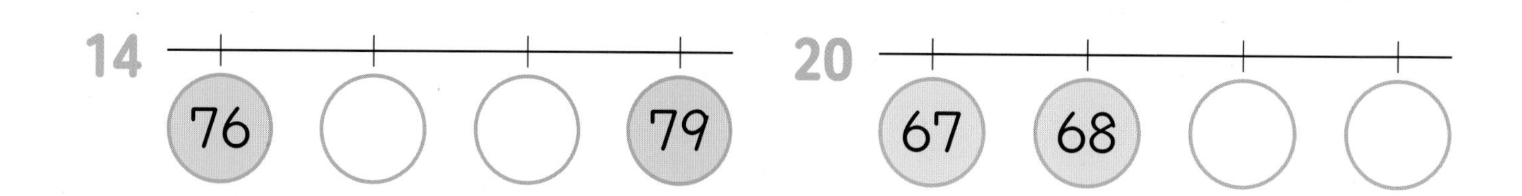

21~23 수의 순서대로 빈칸에 알맞은 수를 써넣으세요.

21

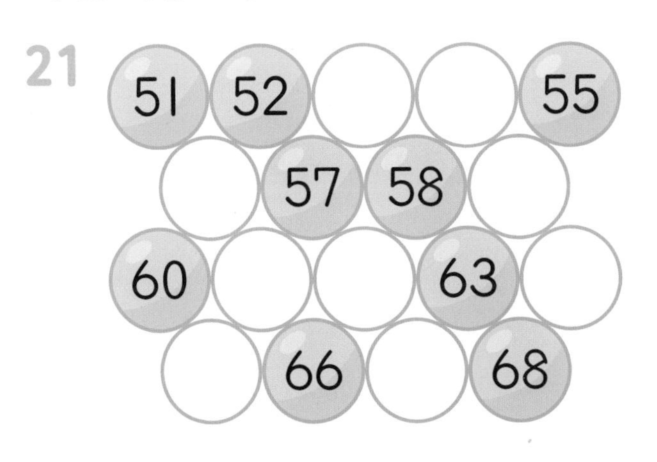

22

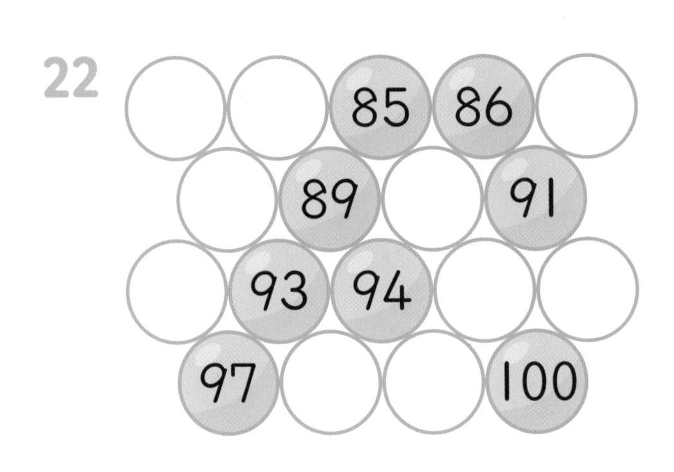

23

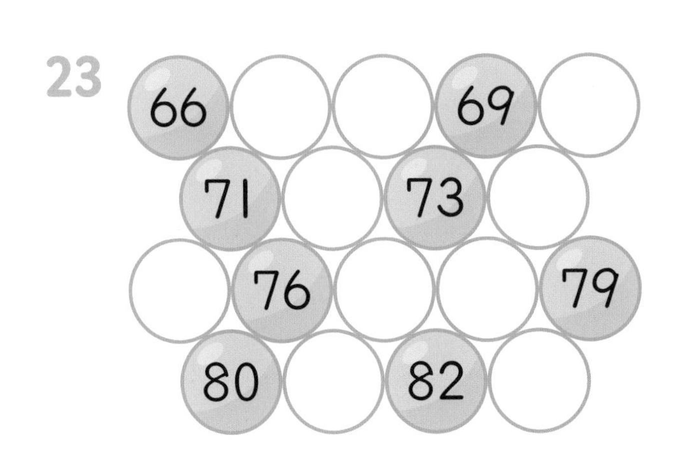

24~29 수를 거꾸로 세어 빈칸에 알맞은 수를 써넣으세요.

24

25

26

27

28

29

수를 순서대로 잇기

은경이와 친구들은 놀이공원에 갔습니다. 수를 순서대로 이어 놀이공원을 둘러볼까요?

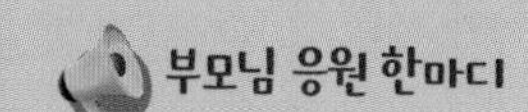

④ 100까지 수의 순서(2)

● 95부터 100까지 수의 순서를 알아볼까요?

1만큼 더 작은 수는 바로 앞의 수이고, 1만큼 더 큰 수는 바로 뒤의 수야.

● 100을 알아볼까요?

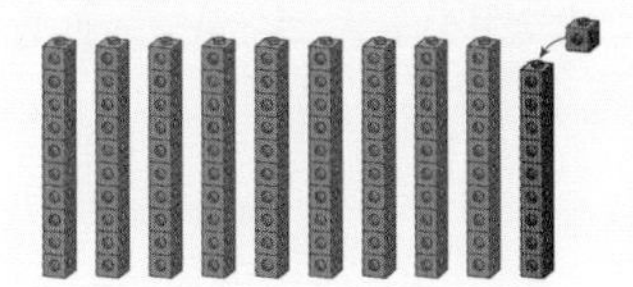

99보다 1만큼 더 큰 수

➡ 쓰기 100 읽기 백

1~6 빈칸에 알맞은 수를 써넣으세요.

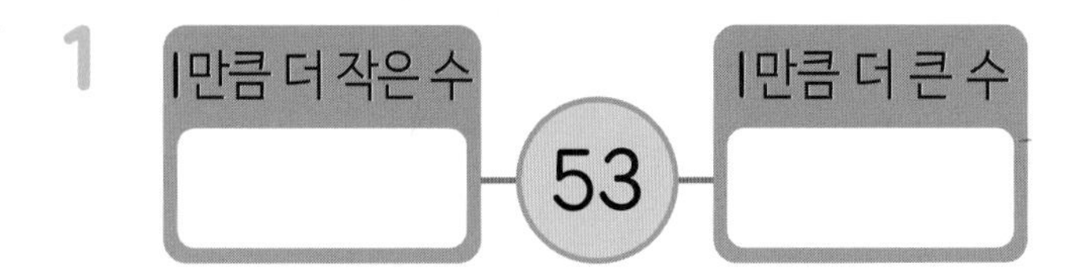

1
1만큼 더 작은 수		1만큼 더 큰 수
	53	

4
1만큼 더 작은 수		1만큼 더 큰 수
	85	

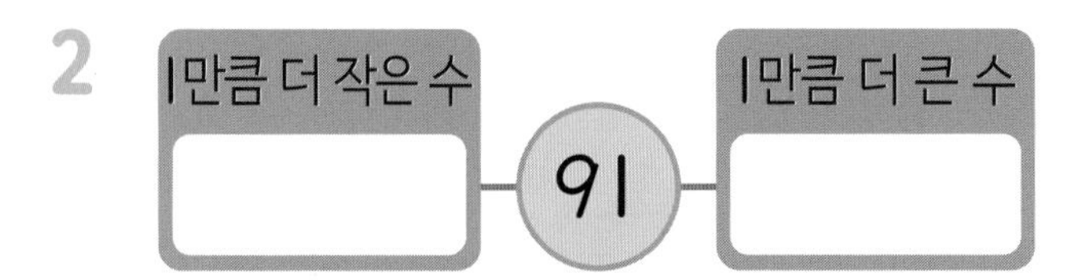

2
1만큼 더 작은 수		1만큼 더 큰 수
	91	

5
1만큼 더 작은 수		1만큼 더 큰 수
	78	

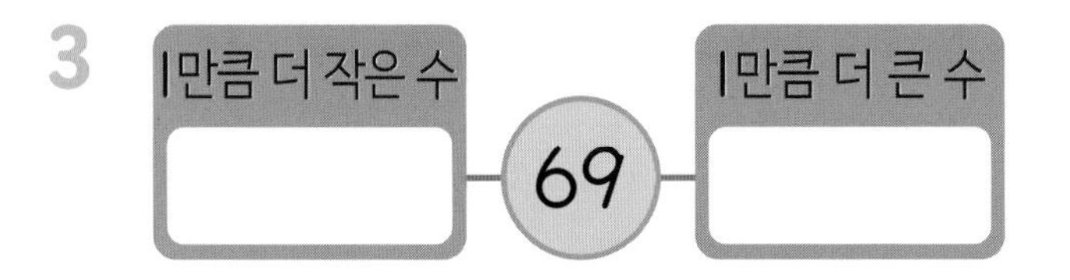

3
1만큼 더 작은 수		1만큼 더 큰 수
	69	

6
1만큼 더 작은 수		1만큼 더 큰 수
	99	

7~18 수의 순서에 맞게 빈칸에 알맞은 수를 써넣으세요.

7 13

8 14

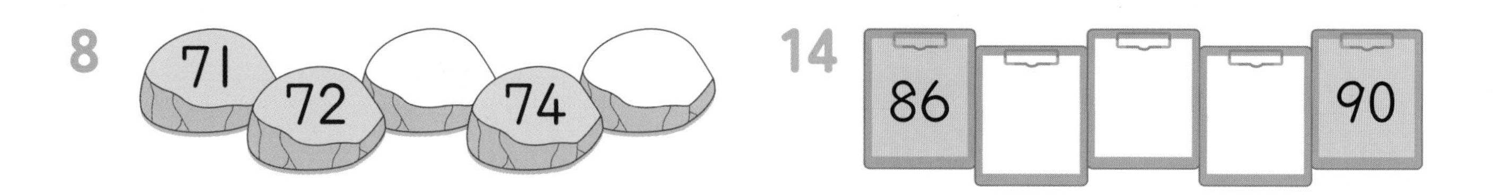

9 15

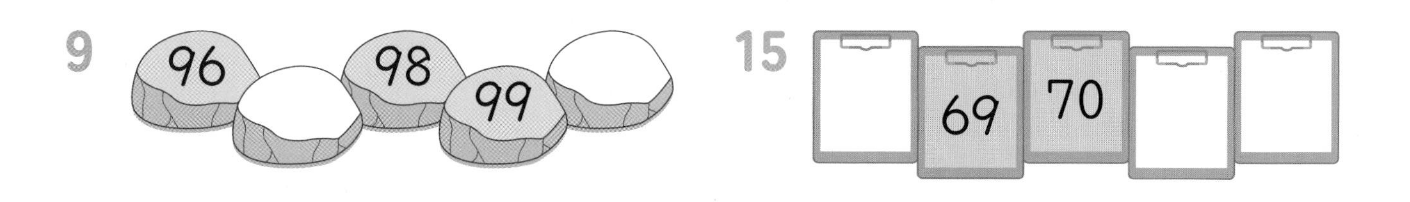

10 16

11 17

12 18

19~22 수 카드를 수의 순서대로 놓았습니다. 알맞은 곳을 찾아 이어 보세요.

19
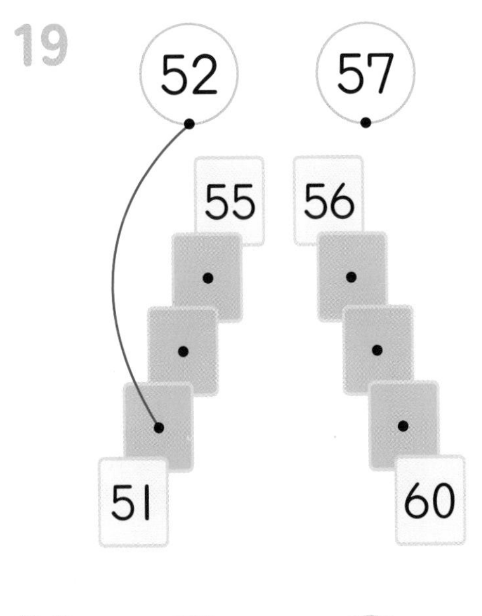

21
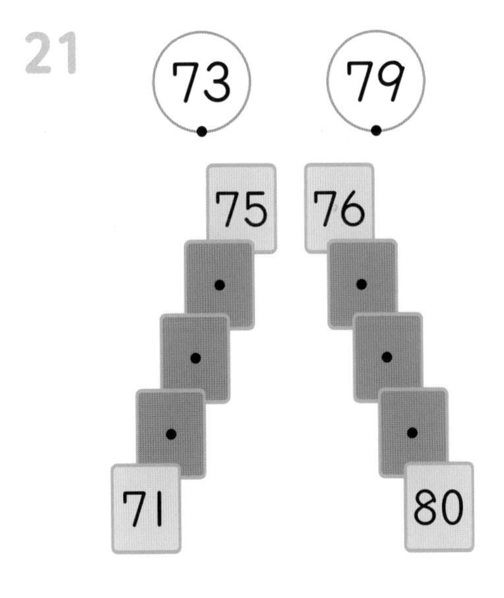

20
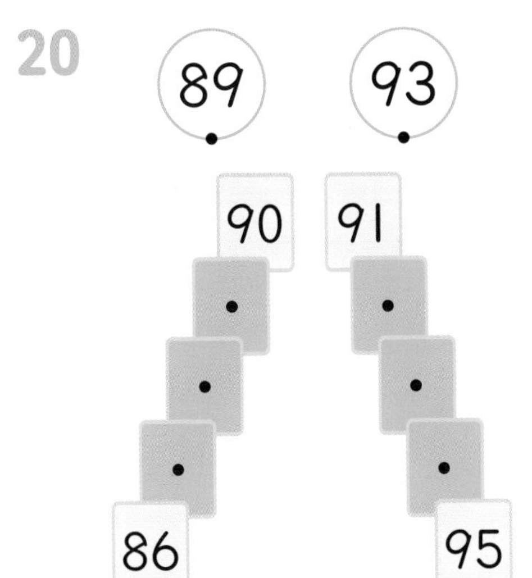

22
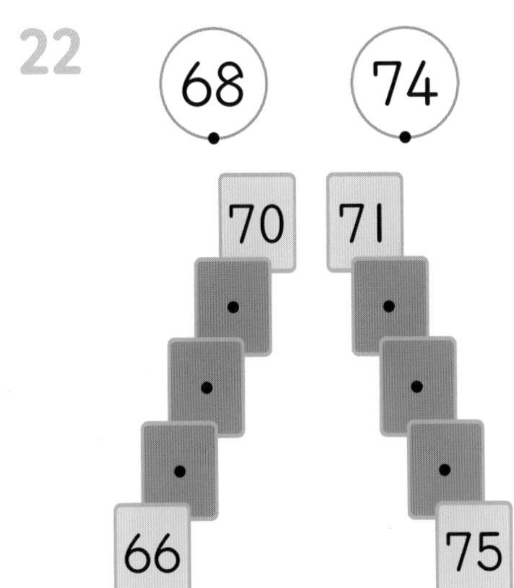

책이 번호 순서대로 꽂혀 있습니다. 91번과 97번 사이에 있는 책은 모두 몇 권인가요?

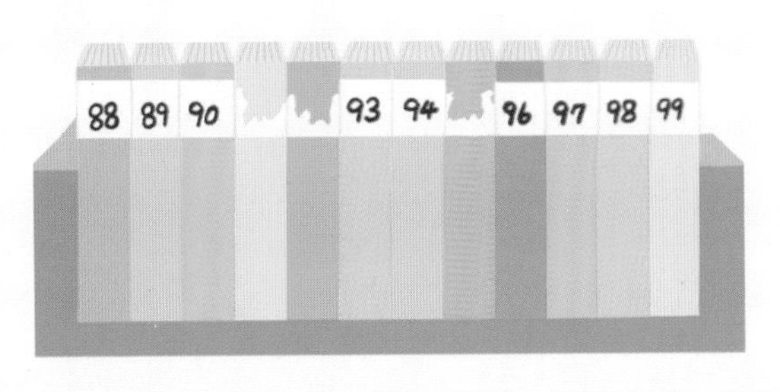

91과 97 사이에 있는 수는 92, ☐, ☐, ☐, ☐입니다.

따라서 91번과 97번 사이에 있는 책은 모두 ☐권입니다.

답 ☐권

숨은 그림 찾기

다음 그림에서 숨은 그림 5개를 모두 찾아 ○표 하세요.

대파 안경 딸기 국자 빗

오늘 나의 실력을 평가해 봐!

부모님 응원 한마디

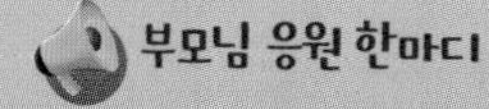

⑤ 두 수의 크기 비교

● 73과 76의 크기를 비교해 볼까요?

• 10개씩 묶음 수가 다를 때 ➡ 10개씩 묶음 수를 비교
• 10개씩 묶음 수가 같을 때 ➡ 낱개 수를 비교

	10개씩 묶음	낱개
73	7개	3개
76	7개	6개

10개씩 묶음 수가 클수록 더 큰 수야.
10개씩 묶음 수가 같으면 낱개 수가 클수록 더 큰 수지.

73은 76보다 작습니다. ➡ 73 < 76
76은 73보다 큽니다. ➡ 76 > 73

1~4 두 수의 크기를 비교한 것을 보고 □ 안에 알맞은 수를 써넣으세요.

1 51 > 38

□은 □보다 큽니다.
□은 □보다 작습니다.

2 74 < 79

□는 □보다 작습니다.
□는 □보다 큽니다.

3 82 < 85

□는 □보다 큽니다.
□는 □보다 작습니다.

4 66 > 58

□은 □보다 작습니다.
□은 □보다 큽니다.

5~25 두 수의 크기를 비교하여 ○ 안에 >, <를 알맞게 써넣으세요.

5 60 ○ 80

6 58 ○ 54

7 64 ○ 55

8 95 ○ 98

9 86 ○ 82

10 79 ○ 83

11 73 ○ 71

12 68 ○ 66

13 59 ○ 70

14 87 ○ 89

15 63 ○ 58

16 74 ○ 72

17 56 ○ 57

18 93 ○ 78

19 75 ○ 79

20 82 ○ 77

21 60 ○ 83

22 84 ○ 81

23 57 ○ 75

24 63 ○ 66

25 96 ○ 93

26~29 더 큰 수에 색칠하세요.

26

27

28

29

30~33 더 작은 수에 색칠하세요.

30

31

32

33

문구점에 볼펜이 68자루 있고, 연필이 64자루 있습니다. 볼펜과 연필 중에서 더 많이 있는 것은 무엇인가요?

> 또는 < 중 알맞은 것 써넣기

볼펜 수 → □ ○ □ ← 연필 수

따라서 볼펜과 연필 중에서 더 많이 있는 것은 □ 입니다.

답

사다리 타기

사다리 타기는 세로선을 따라 아래로 내려가다가 가로선을 만나면 가로로 이동하고, 다시 세로선을 만나면 세로선을 따라 아래로 내려가는 놀이입니다. 두 수의 크기를 비교하여 더 작은 수를 사다리를 타고 내려가서 도착한 곳에 써넣으세요.

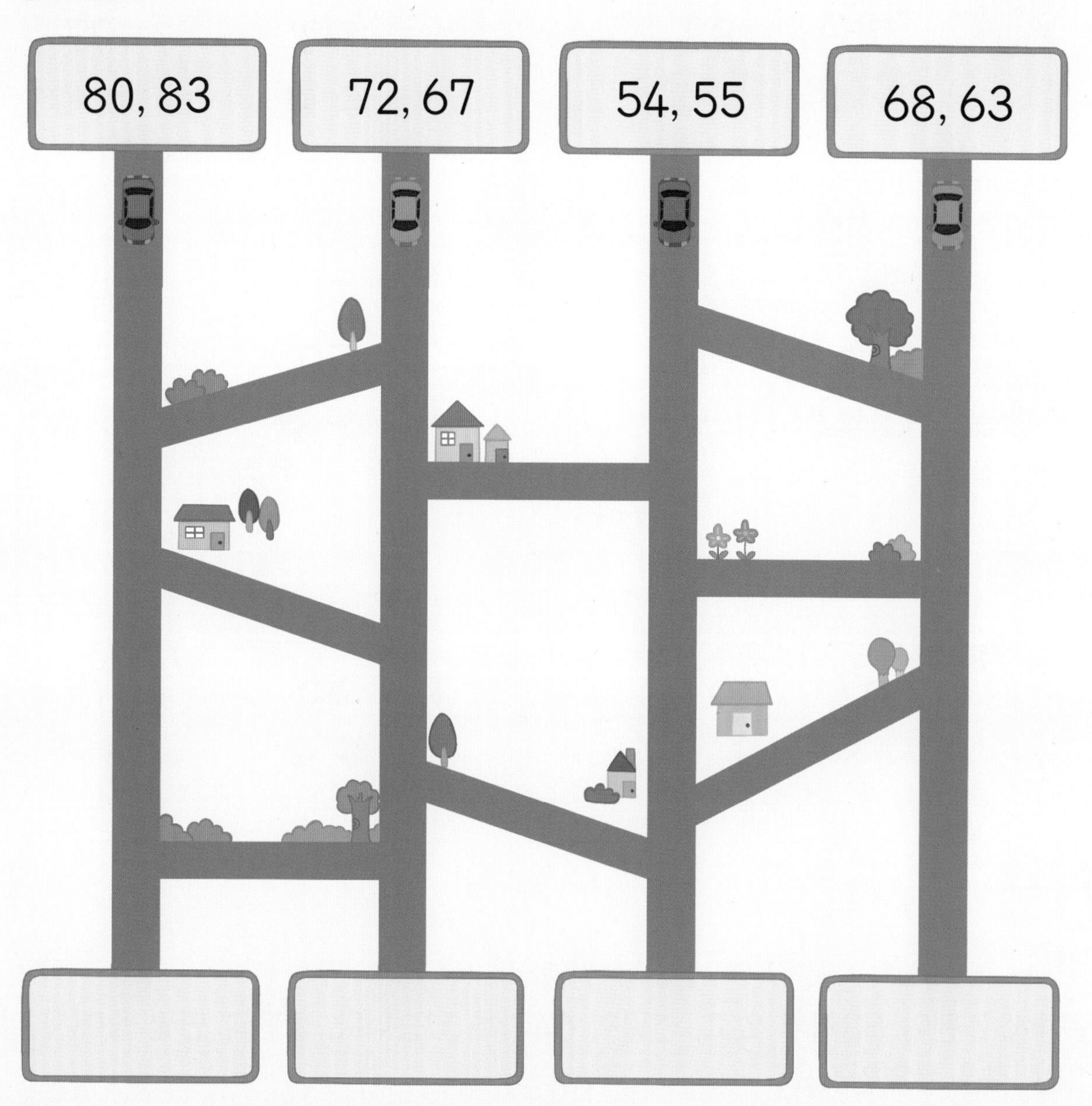

오늘 나의 실력을 평가해 봐!

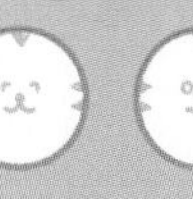

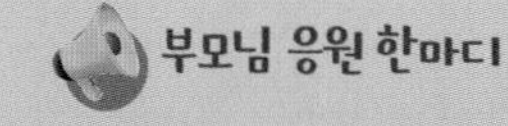

⑥ 세 수의 크기 비교

● 59, 65, 54의 크기를 비교해 볼까요?

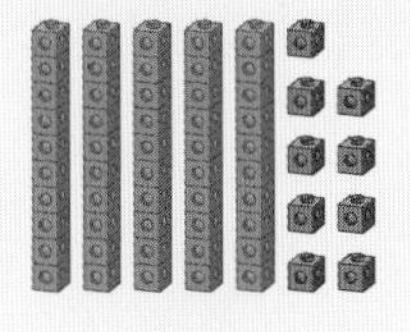

59

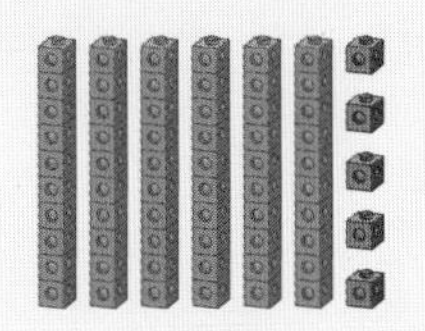

65

54

10개씩 묶음 5개 낱개 9개	10개씩 묶음 6개 낱개 5개	10개씩 묶음 5개 낱개 4개

두 수씩 묶어서 비교하거나 세 수를 동시에 비교하면 돼.

• 10개씩 묶음 수를 비교하면 59 < 65, 65 > 54입니다.
➡ 가장 큰 수는 65입니다.

• 10개씩 묶음 수가 같을 때 낱개 수를 비교하면 59 > 54입니다.
➡ 가장 작은 수는 54입니다.

1~9 가장 큰 수에 ○표 하세요.

1 62 76 80

2 78 92 74

3 79 75 69

4 67 61 58

5 72 85 70

6 99 77 88

7 86 94 91

8 64 55 73

9 81 65 68

10~19 가장 큰 수에 ○표, 가장 작은 수에 △표 하세요.

10
54	59	56
( )	( )	( )

15
79	89	97
( )	( )	( )

11
88	93	86
( )	( )	( )

16
81	80	82
( )	( )	( )

12
67	65	74
( )	( )	( )

17
65	58	60
( )	( )	( )

13
96	81	95
( )	( )	( )

18
51	59	54
( )	( )	( )

14
75	72	68
( )	( )	( )

19
94	92	86
( )	( )	( )

20~25 세 수의 크기를 비교하여 □ 안에 알맞은 수를 써넣으세요.

20

97 91 95

➡ $\square < \square < \square$

21

69 77 73

➡ $\square < \square < \square$

22

86 85 78

➡ $\square < \square < \square$

23

65 55 75

➡ $\square > \square > \square$

24

74 79 68

➡ $\square > \square > \square$

25

92 89 90

➡ $\square > \square > \square$

연산+

수지네 집에는 딸기 맛 사탕이 75개, 사과 맛 사탕이 86개, 포도 맛 사탕이 78개 있습니다. 수지네 집에 가장 적게 있는 사탕은 무엇인가요?

가장 많은 사탕 수 → $\square > \square > \square$ ← 가장 적은 사탕 수

따라서 수지네 집에 가장 적게 있는 사탕은 □ 맛 사탕입니다.

답 □ 맛 사탕

다른 그림 찾기

아래 그림에서 위 그림과 다른 부분 5군데를 모두 찾아 ○표 하세요.

2주 1일
정답 확인

오늘 나의 실력을 평가해 봐!

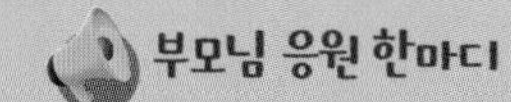

❼ 짝수와 홀수

● 둘씩 짝을 지어 짝수와 홀수를 알아볼까요?

•짝수: 2, 4, 6, 8, 10과 같이 둘씩 짝을 지을 수 있는 수

2 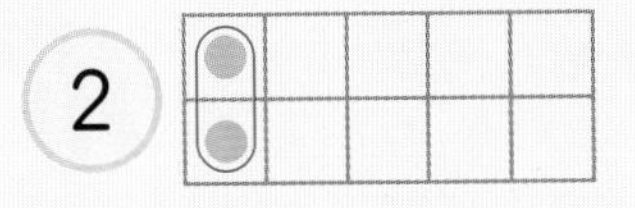 4 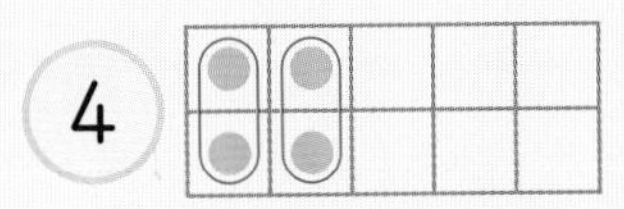 6 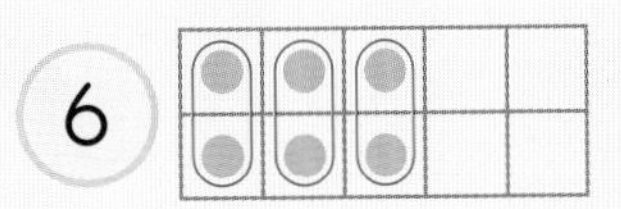

8 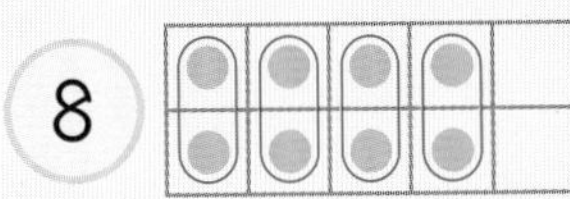 10 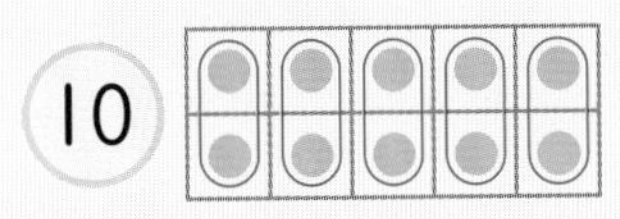

•홀수: 1, 3, 5, 7, 9와 같이 둘씩 짝을 지을 수 없는 수

1 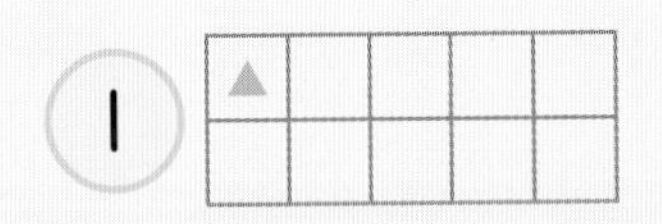 3 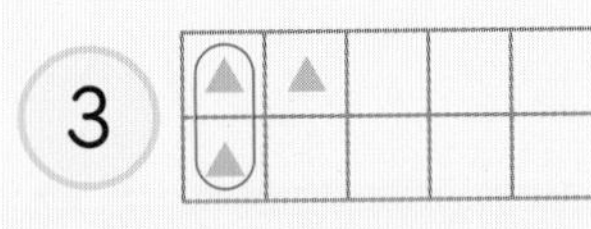 5 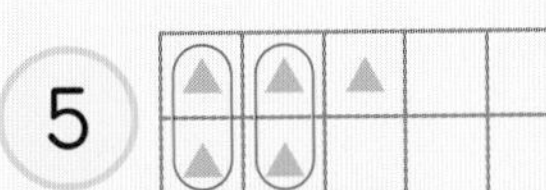 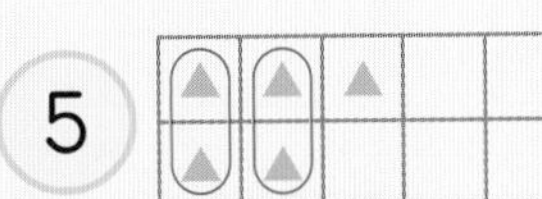

7 9

1~4 공의 수를 세어 □ 안에 써넣고, 짝수와 홀수 중에서 알맞은 말에 ○표 하세요.

1

□개

➡ (짝수 , 홀수)

2

□개

➡ (짝수 , 홀수)

3

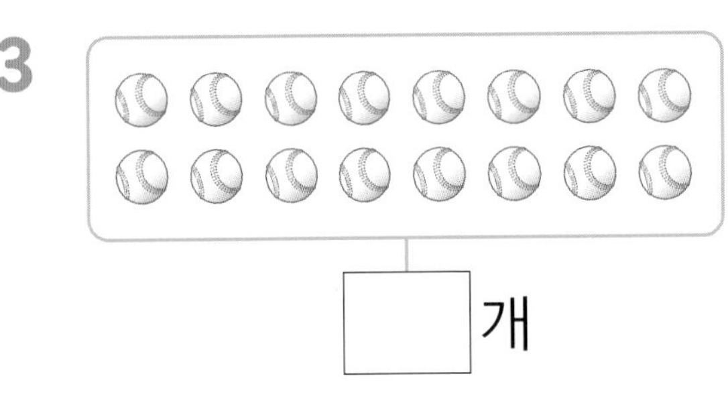

□개

➡ (짝수 , 홀수)

4

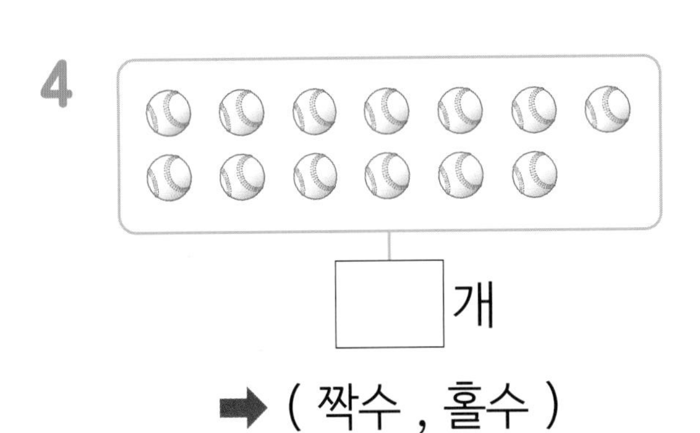

□개

➡ (짝수 , 홀수)

5~22 짝수는 '짝', 홀수는 '홀'을 ◯ 안에 써넣으세요.

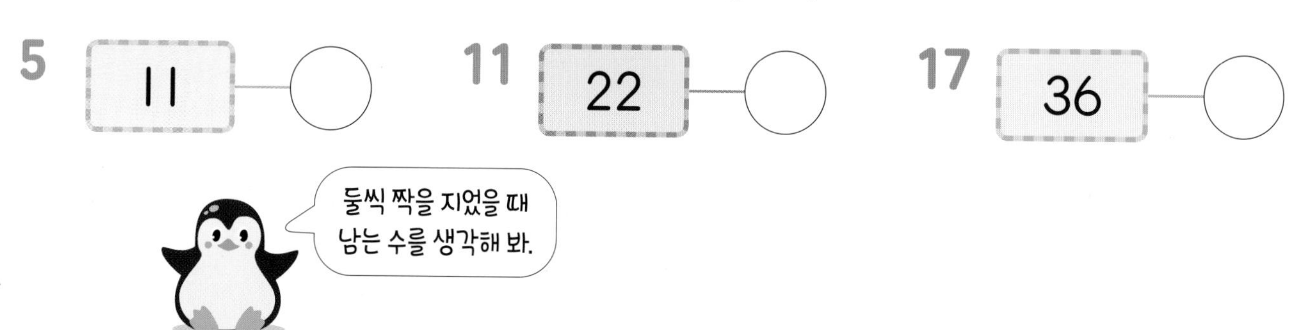

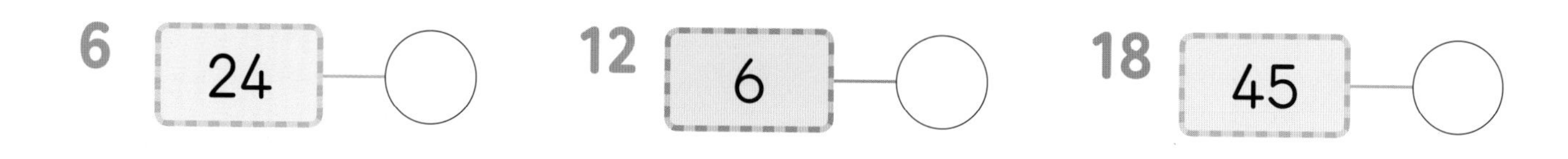

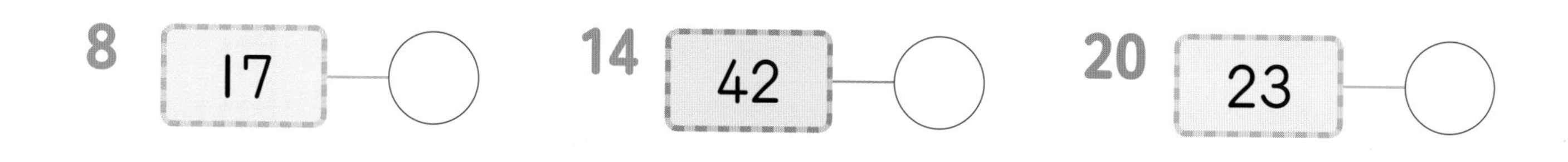

9 47 — ◯

15 19 — ◯

21 34 — ◯

10 26 — ◯

16 35 — ◯

22 29 — ◯

23~28 짝수와 홀수를 각각 찾아 쓰세요.

23

14 79 41 60

짝수	홀수

24

55 28 82 31

짝수	홀수

25

64 20 33 58

짝수	홀수

26

52 37 46 75 10

짝수	홀수

27

15 91 54 39 72

짝수	홀수

28

49 70 88 65 76

짝수	홀수

토끼와 닭 중에서 동물 수가 짝수인 것은 어느 것인가요?

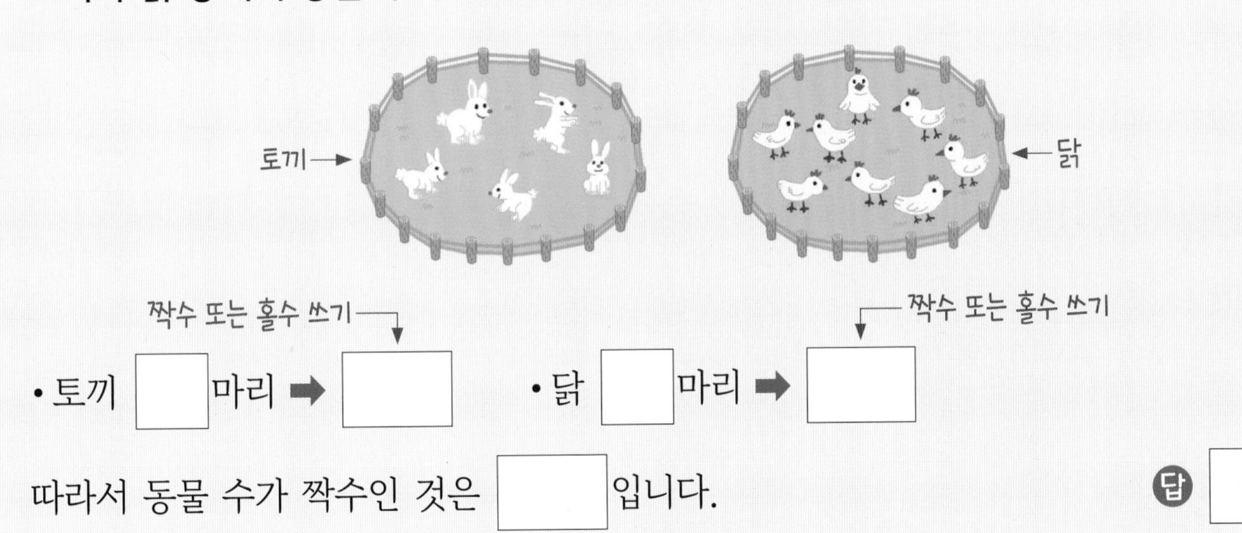

짝수 또는 홀수 쓰기

• 토끼 □ 마리 ➡ □

• 닭 □ 마리 ➡ □

따라서 동물 수가 짝수인 것은 □ 입니다.

답 □

짝수를 찾아볼까요?

짝수에 모두 ○표 하고, 짝수는 모두 몇 개인지 알아보세요.

오늘 나의 실력을 평가해 봐!

부모님 응원 한마디

마무리 연산

1~2 수 모형을 보고 □ 안에 알맞은 수를 써넣으세요.

1

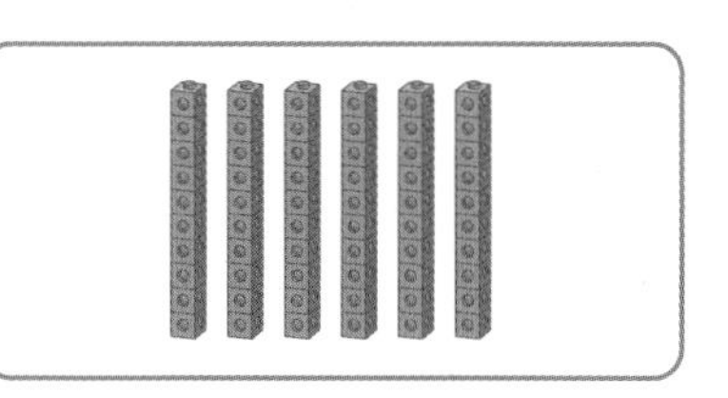

10개씩 묶음 □개 ➡ □

2

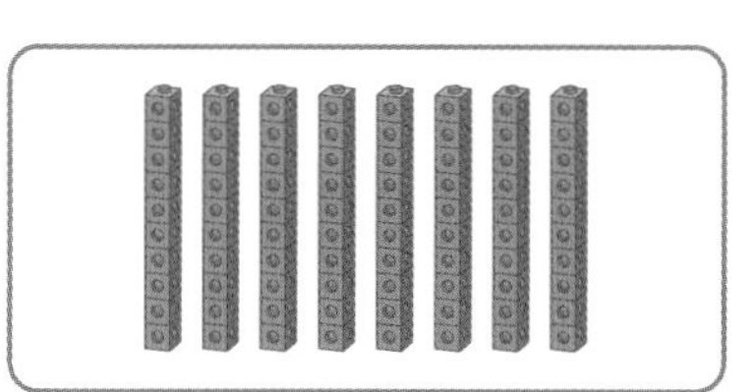

10개씩 묶음 □개 ➡ □

3~6 □ 안에 알맞은 수를 써넣으세요.

3

10개씩 묶음	낱개
5	7

➡ □

4

10개씩 묶음	낱개
8	2

➡ □

5

10개씩 묶음	낱개
9	5

➡ □

6

10개씩 묶음	낱개
6	8

➡ □

7~10 수의 순서에 맞게 빈칸에 알맞은 수를 써넣으세요.

7

66 - □ - 68 - □ - 70

8

81 - 82 - □ - 84 - □

9

93 - ○ - ○ - 96 - ○

10

○ - 75 - ○ - ○ - 78

11~14 더 작은 수에 색칠하세요.

11

58

70

13

91

84

12

69

65

14

76

78

15~18 세 수의 크기를 비교하여 □ 안에 알맞은 수를 써넣으세요.

15

50

58 56

➡ $\square < \square < \square$

17

99

94 91

➡ $\square > \square > \square$

16

79

92 97

➡ $\square < \square < \square$

18

80

88 77

➡ $\square > \square > \square$

19~20 짝수와 홀수를 각각 찾아 쓰세요.

19

48 33 56 75 14

짝수	홀수

20

17 83 44 51 70

짝수	홀수

21 홀수가 적힌 수 카드에 모두 ○표 하세요.

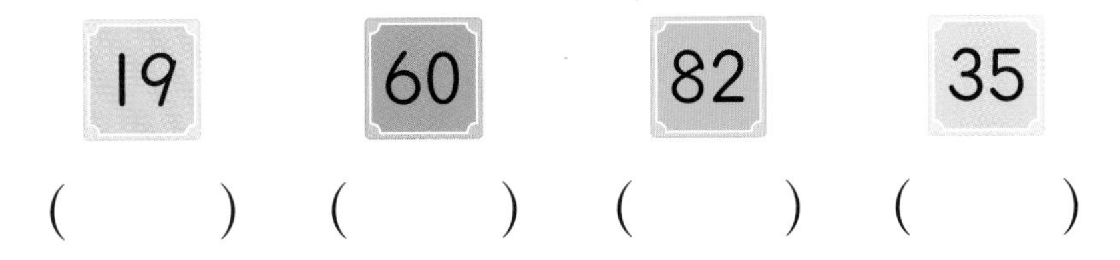

( ) ( ) ( ) ( )

22 설명하는 수를 두 가지 방법으로 읽어 보세요.

10개씩 묶음 6개와 낱개 3개

(,)

23 상자를 번호 순서대로 쌓았습니다. 번호가 없는 상자에 알맞은 번호를 써넣으세요.

		56	57		59		
		61			64	65	
		68	69			72	73

24 72보다 작은 수에 모두 색칠하세요.

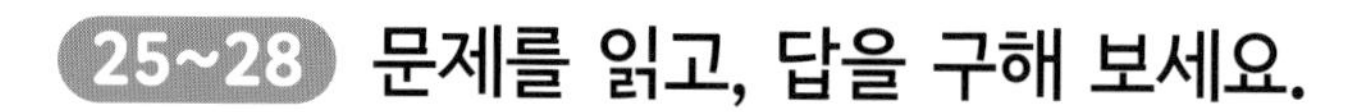

25~28 문제를 읽고, 답을 구해 보세요.

25 연아는 볼펜을 13자루 가지고 있습니다. 연아가 가지고 있는 볼펜 수는 짝수인가요, 홀수인가요?

답 ______________

26 지우개가 한 상자에 10개씩 들어 있습니다. 지우개가 9상자 있으면 지우개는 모두 몇 개인가요?

 ______________

27 현중이가 가지고 있는 빨대는 10개씩 7묶음과 낱개로 9개입니다. 현중이가 가지고 있는 빨대는 모두 몇 개인가요?

 ______________

28 고구마를 수지는 58개, 민규는 52개, 수호는 61개 캤습니다. 고구마를 가장 많이 캔 친구는 누구인가요?

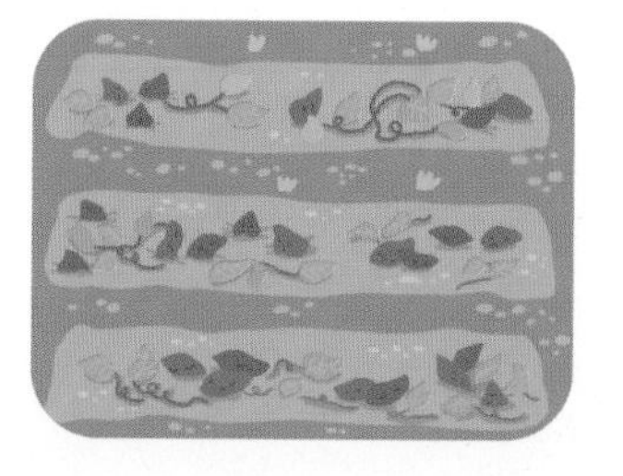

 ______________

2주 3일
정답 확인

오늘 나의 실력을 평가해 봐!

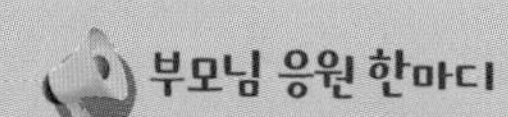

❶ 세 수의 덧셈(1)

● 2+1+4를 계산해 볼까요?

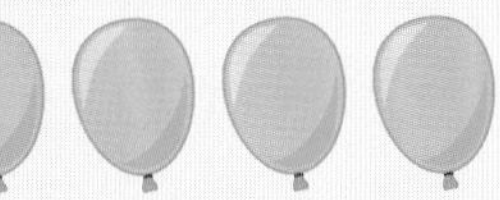

가로로 계산하기	세로로 계산하기
2+1+4=7 ① 3 ② 7	$\begin{array}{r} 2 \\ +\ 1 \\ \hline 3 \end{array} \rightarrow \begin{array}{r} 3 \\ +\ 4 \\ \hline 7 \end{array}$

1 2 3 4 5 6 7
2에서 1만큼 가고
4만큼 더 가면 7이 돼.

세 수의 덧셈은 두 수를 먼저 더하고 나온 수에 나머지 한 수를 더합니다.

1~4 □ 안에 알맞은 수를 써넣으세요.

1

$\begin{array}{r} 3 \\ +\ 1 \\ \hline \square \end{array} \rightarrow \begin{array}{r} \square \\ +\ 2 \\ \hline \square \end{array}$

➡ 3+1+2=□

3

$\begin{array}{r} 4 \\ +\ 2 \\ \hline \square \end{array} \rightarrow \begin{array}{r} \square \\ +\ 1 \\ \hline \square \end{array}$

➡ 4+2+1=□

2

$\begin{array}{r} 5 \\ +\ 2 \\ \hline \square \end{array} \rightarrow \begin{array}{r} \square \\ +\ 1 \\ \hline \square \end{array}$

➡ 5+2+1=□

4

$\begin{array}{r} 1 \\ +\ 3 \\ \hline \square \end{array} \rightarrow \begin{array}{r} \square \\ +\ 5 \\ \hline \square \end{array}$

➡ 1+3+5=□

5~25 계산을 하세요.

5 $1+2+3$

6 $3+1+1$

7 $4+1+2$

8 $3+4+1$

9 $5+2+2$

10 $2+4+2$

11 $1+2+6$

12 $1+1+2$

13 $2+1+6$

14 $3+3+2$

15 $5+1+1$

16 $2+5+1$

17 $3+3+3$

18 $1+1+6$

19 $3+1+3$

20 $1+7+1$

21 $5+1+2$

22 $2+2+2$

23 $1+4+4$

24 $2+2+3$

25 $4+3+2$

26~30 빈칸에 알맞은 수를 써넣으세요.

26

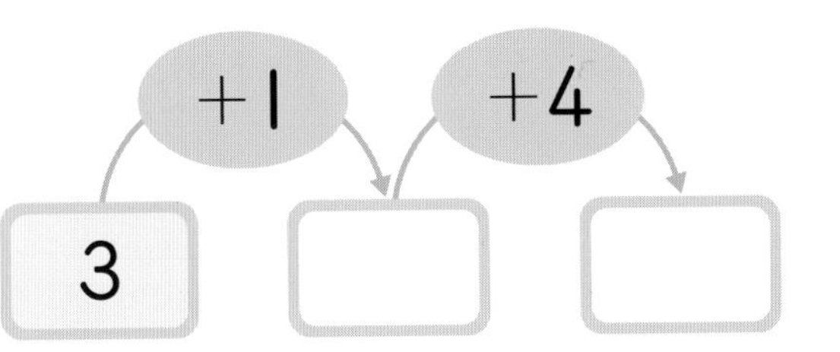

27

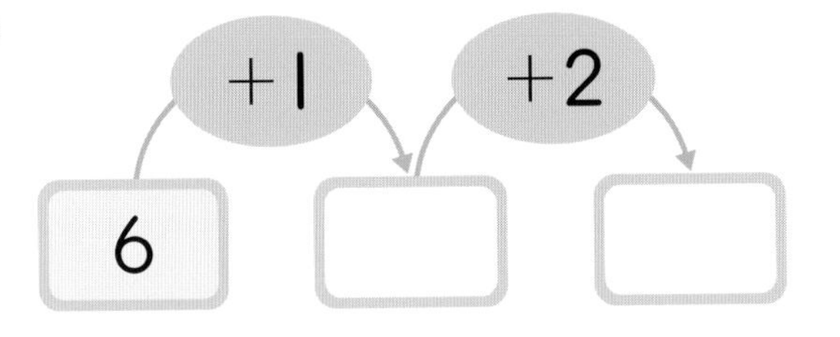

28

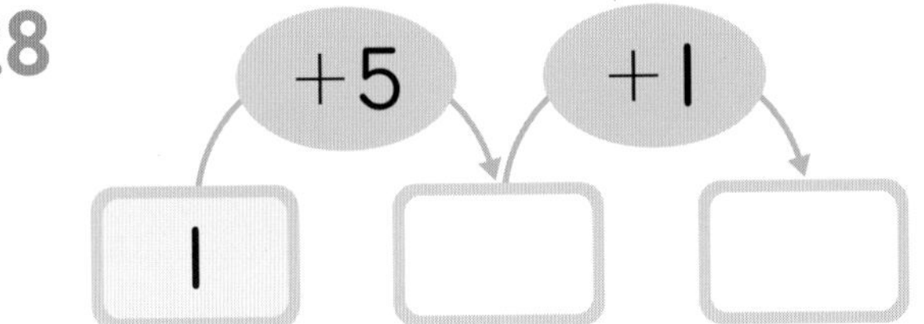

29

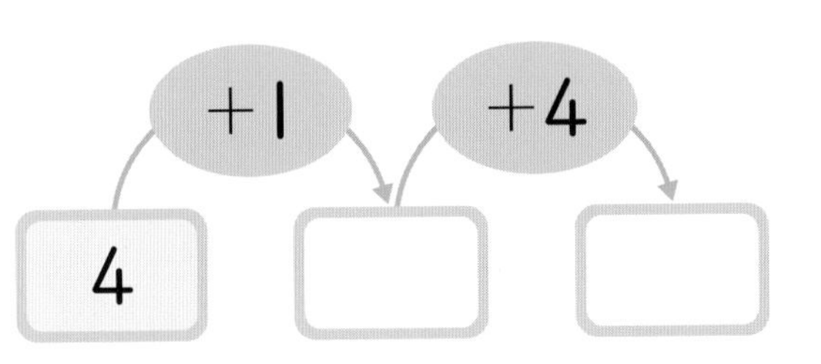

30

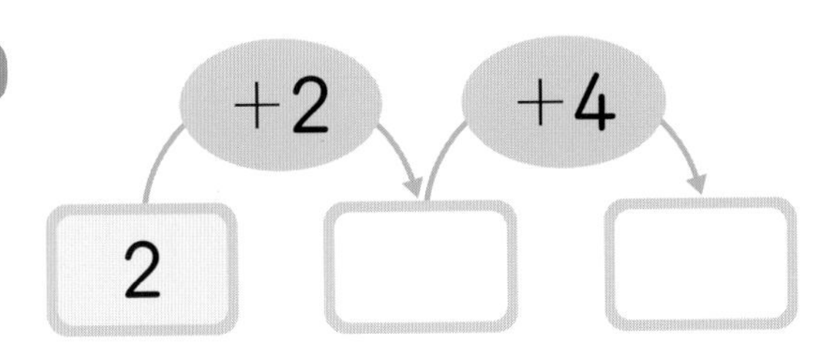

31~35 빈칸에 세 수의 합을 써넣으세요.

31

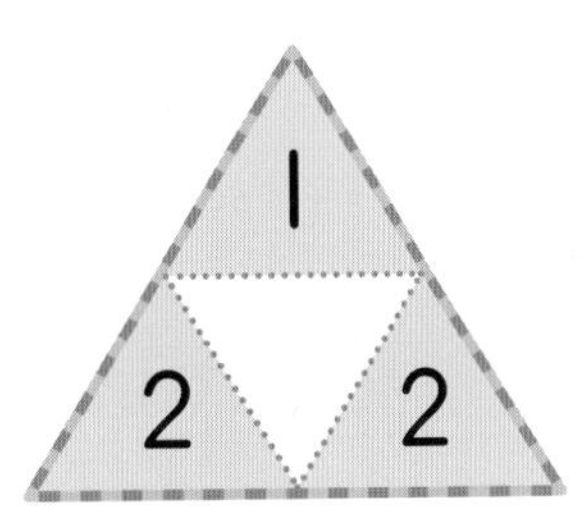

32

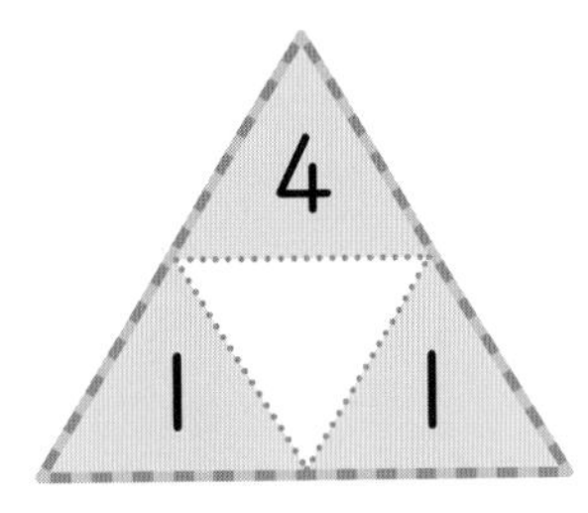

33

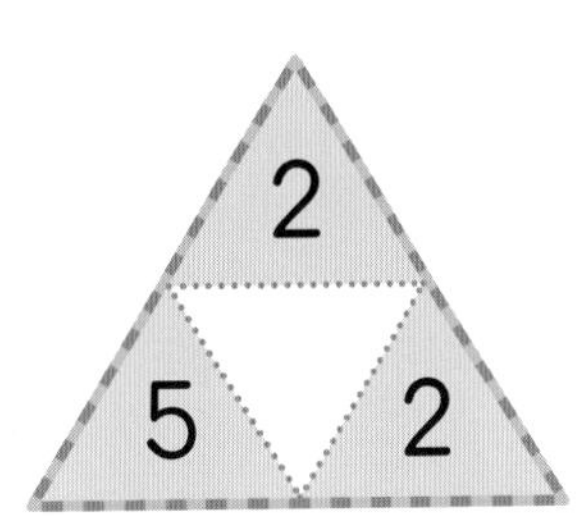

34

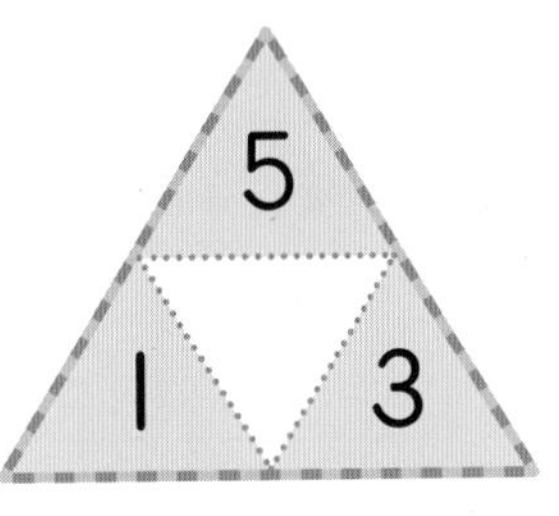

35

생일 선물 찾기

소민이는 현준이의 생일 선물을 준비했습니다. 계산식이 맞으면 ➡의 방향으로, 틀리면 ⬇의 방향으로 화살표를 따라가면 소민이가 현준이에게 주려는 생일 선물을 찾을 수 있습니다. 생일 선물을 찾아 쓰세요.

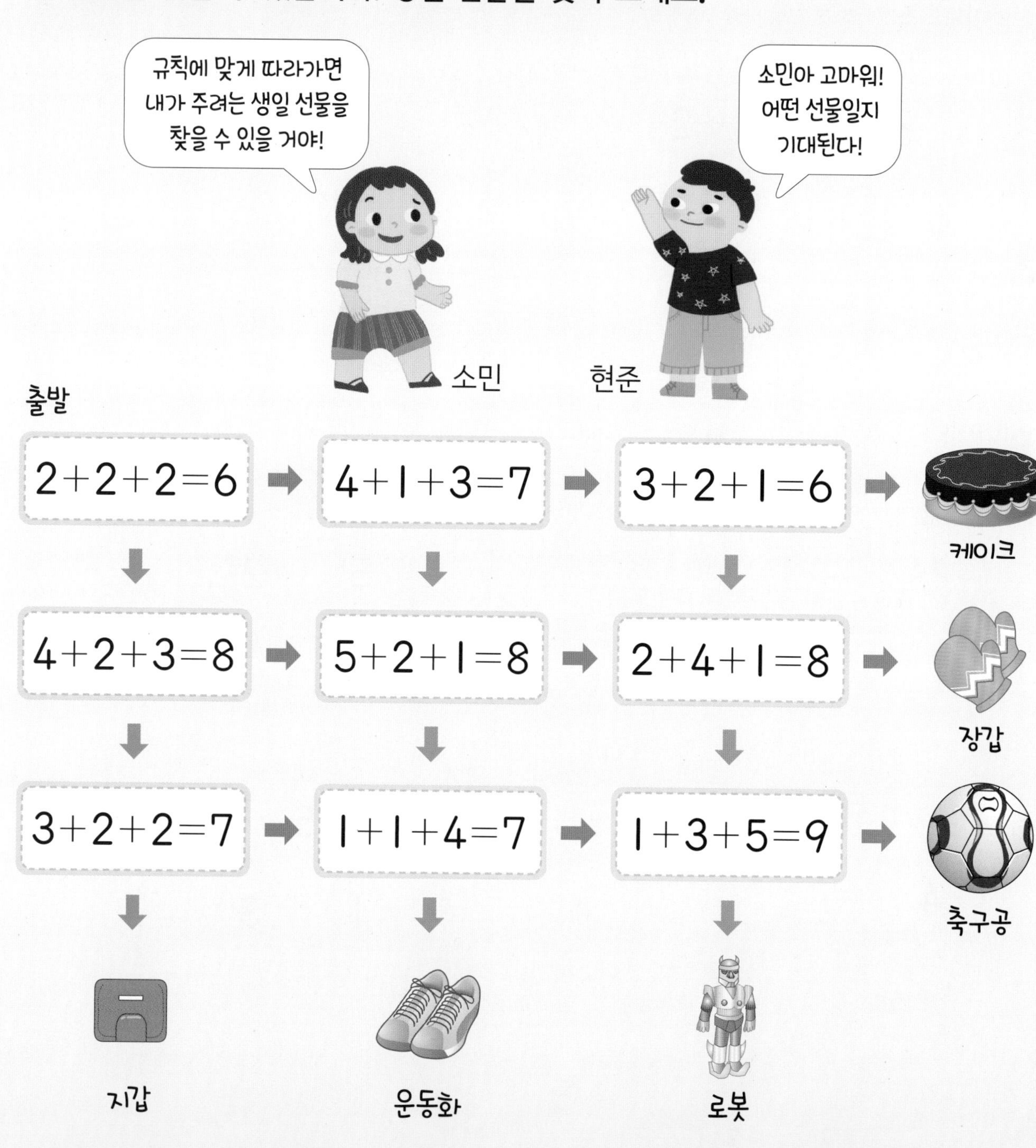

오늘 나의 실력을 평가해 봐!

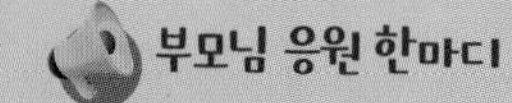

② 세 수의 덧셈(2)

● 4+2+3을 계산해 볼까요?

앞의 두 수를 먼저 계산하기	뒤의 두 수를 먼저 계산하기
4+2+3=⑨ (4+2=6, 6+3=9)	4+2+3=⑨ (2+3=5, 4+5=9)
계산 결과가 9로 같습니다.	

세 수의 덧셈은 계산 순서를 바꾸어 더해도 계산 결과가 같아!

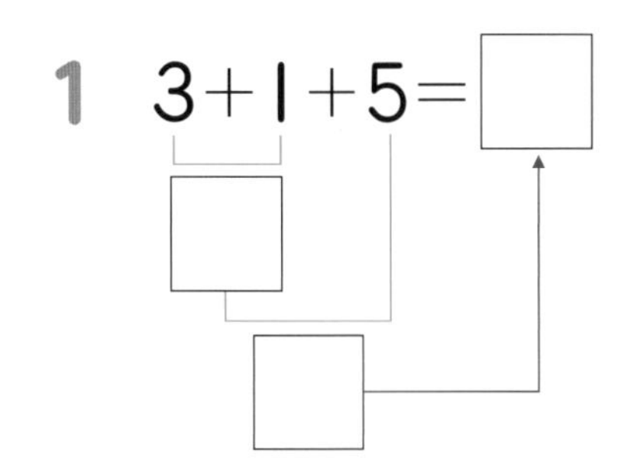

1~6 □ 안에 알맞은 수를 써넣으세요.

1 3+1+5=□

2 1+3+3=□

3 2+1+5=□

4 1+2+4=□

5 1+4+3=□

6 2+2+5=□

7~27 계산을 하세요.

7 $3+3+1$

14 $4+1+1$

21 $3+4+1$

8 $1+3+4$

15 $2+3+3$

22 $1+6+1$

9 $2+1+1$

16 $6+2+1$

23 $5+2+2$

10 $2+4+1$

17 $4+1+3$

24 $1+3+1$

11 $3+2+4$

18 $2+5+1$

25 $2+2+4$

12 $4+4+1$

19 $1+1+7$

26 $3+5+1$

13 $1+5+2$

20 $1+6+2$

27 $1+1+5$

28~32 빈칸에 알맞은 수를 써넣으세요.

28. 2 → +2 → +1 → □

29. 6 → +1 → +1 → □

30. 1 → +4 → +2 → □

31. 4 → +2 → +2 → □

32. 1 → +3 → +5 → □

33~37 세 수의 합을 구해 보세요.

33. 3, 4, 2 □

34. 2, 1, 3 □

35.  2, 4, 2 □

36.  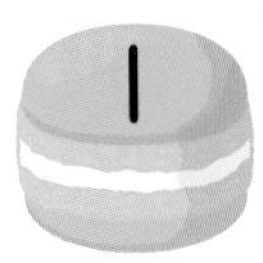 7, 1, 1 □

37.  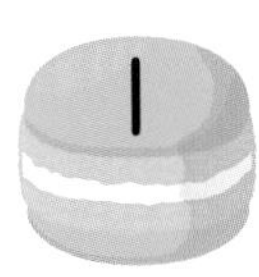  5, 1, 2 

아라는 파란색 고리 4개, 초록색 고리 3개, 빨간색 고리 1개를 가지고 있습니다. 아라가 가지고 있는 고리는 모두 몇 개인가요?

파란색 고리 수: 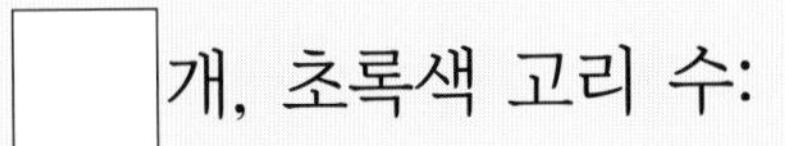 □개, 초록색 고리 수: 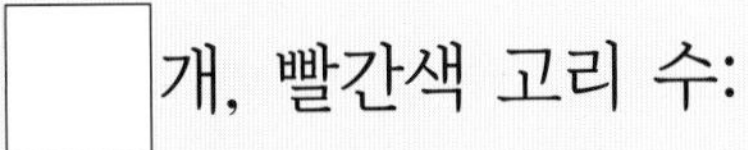 □개, 빨간색 고리 수:  □개

(전체 고리 수)=(파란색 고리 수)+(초록색 고리 수)+(빨간색 고리 수)

=□+□+□=□(개)

 답 □개

콩 주머니 던지기 놀이

재범이와 친구들은 콩 주머니 던지기 놀이를 하고 있습니다. 콩 주머니를 각자 3개씩 던졌을 때 재범이와 친구들이 얻은 점수를 각각 구해 보세요.

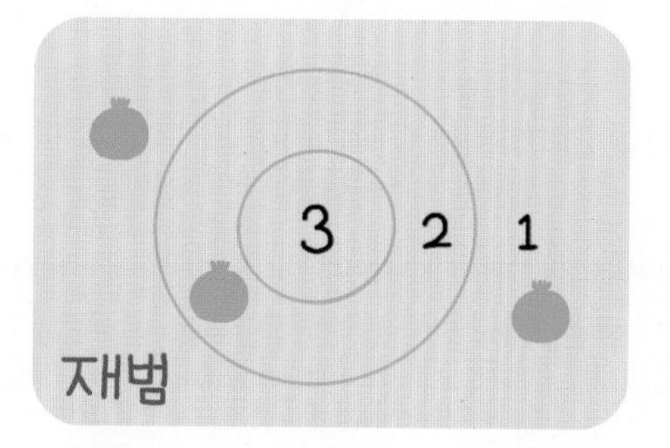

2+1+1=□(점)

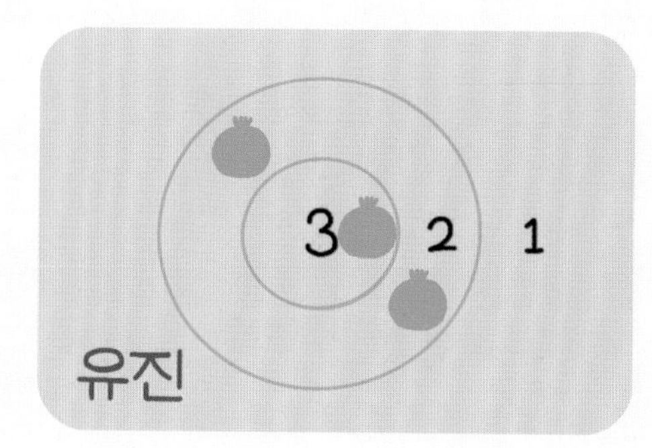

□+□+□=□(점)

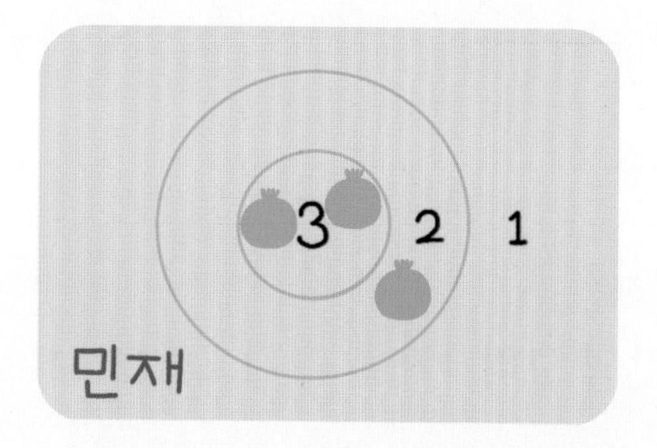

□+□+□=□(점)

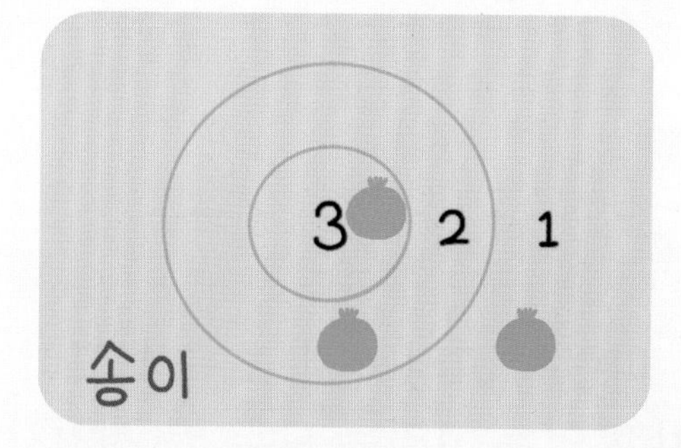

□+□+□=□(점)

2주 5일
정답 확인

오늘 나의 실력을 평가해 봐!

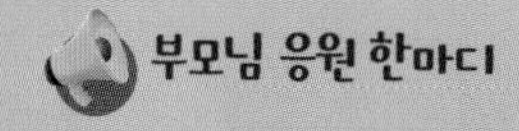

부모님 응원 한마디

③ 세 수의 뺄셈(1)

● 7－1－4를 계산해 볼까요?

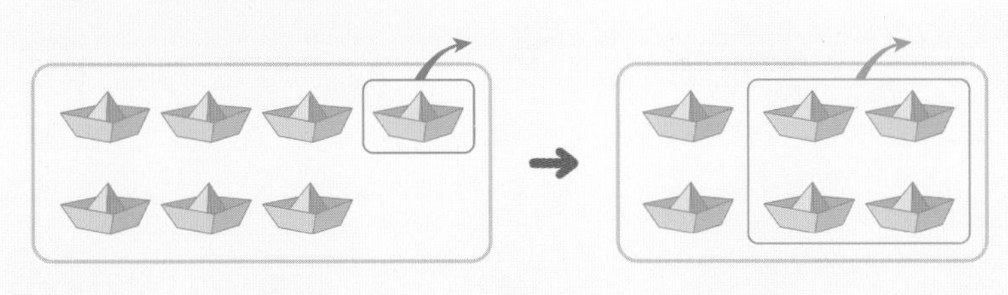

가로로 계산하기	세로로 계산하기
7－1－4＝2 ① 6 ② 2	7 － 1 ＝ ⑥ → ⑥ － 4 ＝ 2

세 수의 뺄셈은 앞의 두 수의 뺄셈을 먼저 하고 나온 수에서 나머지 한 수를 뺍니다.

1~4 □ 안에 알맞은 수를 써넣으세요.

1

$$\begin{array}{r} 5 \\ -\ 2 \\ \hline \square \end{array} \quad \begin{array}{r} \square \\ -\ 1 \\ \hline \square \end{array}$$

➡ 5－2－1＝□

2

$$\begin{array}{r} 6 \\ -\ 1 \\ \hline \square \end{array} \quad \begin{array}{r} \square \\ -\ 3 \\ \hline \square \end{array}$$

➡ 6－1－3＝□

3

$$\begin{array}{r} 9 \\ -\ 2 \\ \hline \square \end{array} \quad \begin{array}{r} \square \\ -\ 3 \\ \hline \square \end{array}$$

➡ 9－2－3＝□

4

$$\begin{array}{r} 8 \\ -\ 2 \\ \hline \square \end{array} \quad \begin{array}{r} \square \\ -\ 2 \\ \hline \square \end{array}$$

➡ 8－2－2＝□

5~25 계산을 하세요.

5 $4-2-1$

6 $7-1-1$

7 $6-4-2$

8 $9-1-2$

9 $8-3-4$

10 $7-4-1$

11 $5-1-2$

12 $7-3-2$

13 $8-4-1$

14 $5-1-3$

15 $7-2-2$

16 $9-3-5$

17 $8-1-7$

18 $9-2-5$

19 $8-2-4$

20 $3-2-1$

21 $9-1-6$

22 $6-3-2$

23 $7-1-2$

24 $9-4-2$

25 $8-2-5$

26~30 빈칸에 알맞은 수를 써넣으세요.

26 5 → -3 → □ → -1 → □

27 6 → -2 → □ → -2 → □

28 7 → -1 → □ → -3 → □

29 9 → -3 → □ → -4 → □

30 8 → -6 → □ → -1 → □

31~35 □ 안에 알맞은 수를 써넣으세요.

31

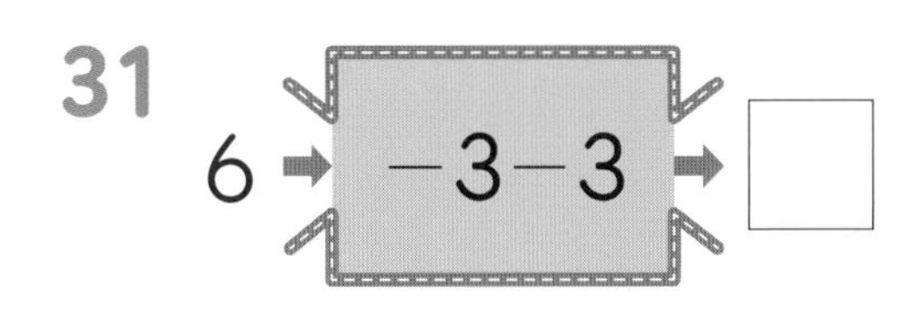

32 8 → $-3-2$ → □

33 9 → $-4-1$ → □

34 7 → $-2-4$ → □

35 9 → $-1-3$ → □

문구점 찾기

정아는 문구점에 가려고 합니다. 갈림길 문제의 답을 따라가면 문구점에 도착할 수 있습니다. 올바른 길을 따라가 정아가 찾는 문구점의 번호를 쓰세요.

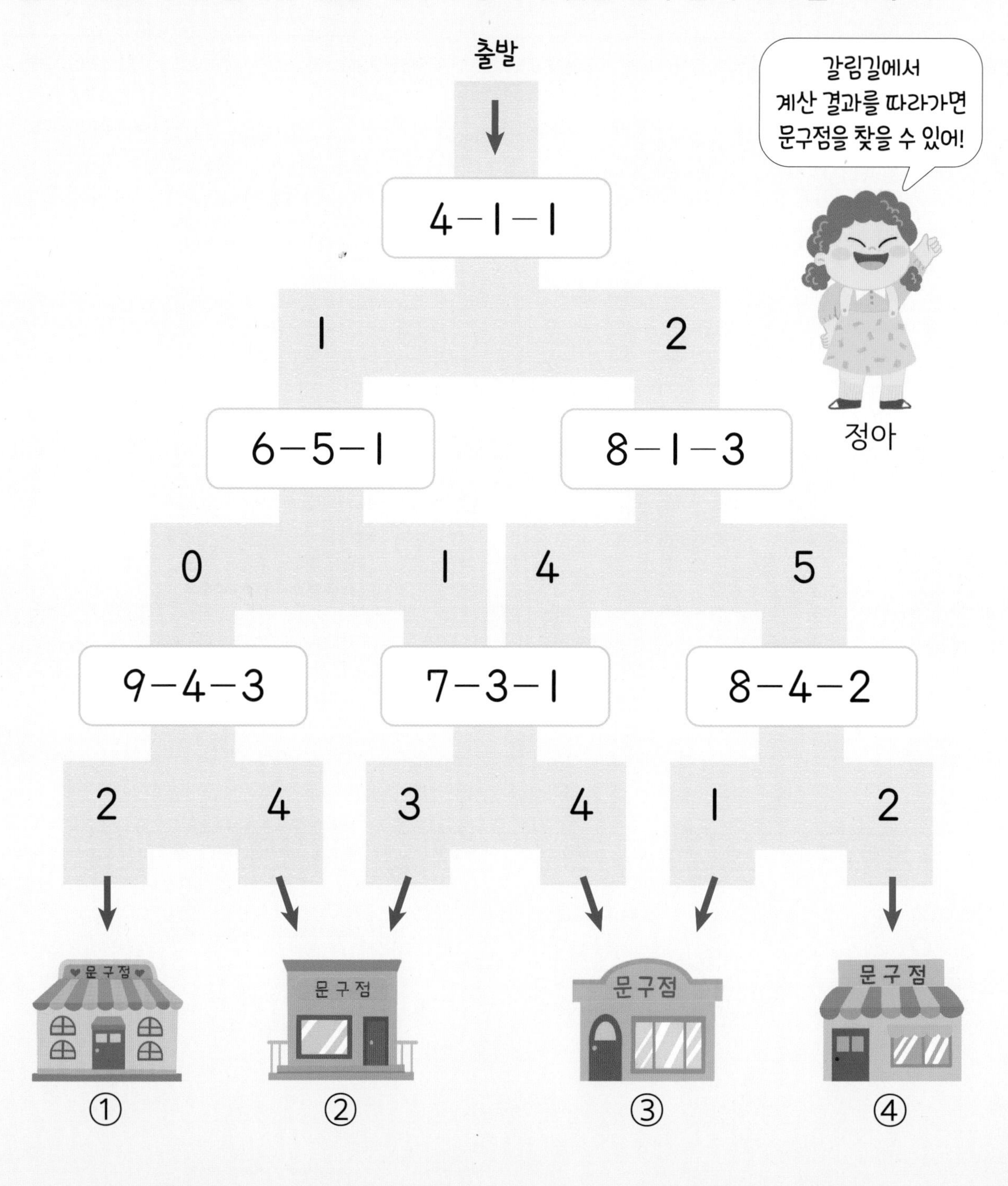

오늘 나의 실력을 평가해 봐!

부모님 응원 한마디

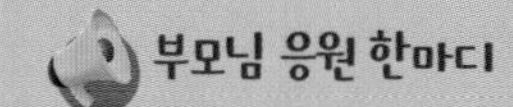

교과서 세 수의 덧셈과 뺄셈

공부한 날
월 일

3주 2일

④ 세 수의 뺄셈(2)

● $9-5-2$를 계산해 볼까요?

앞의 두 수를 먼저 계산하기	뒤의 두 수를 먼저 계산하기
$9-5-2=2$ (9−5 → 4, 4−2 → 2)	$9-5-2=6$ (틀림) (5−2 → 3, 9−3 → 6)
계산 결과가 서로 다릅니다.	

세 수의 뺄셈은
반드시 앞에서부터
차례대로 계산해야 돼!

1~6 □ 안에 알맞은 수를 써넣으세요.

1 $5-3-2=\square$

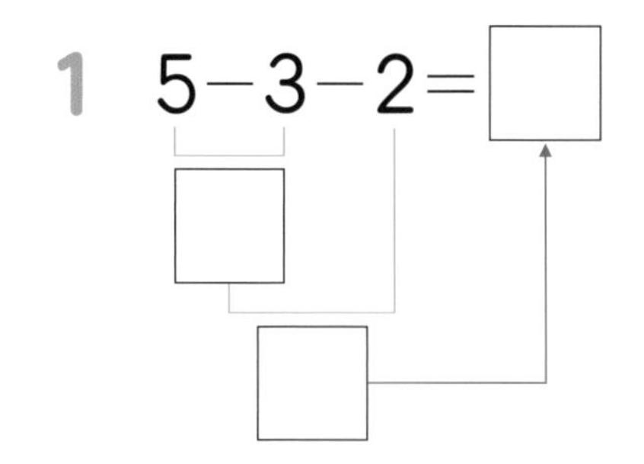

2 $8-1-2=\square$

3 $7-2-3=\square$

4 $6-1-4=\square$

5 $9-5-1=\square$

6 $8-3-3=\square$

7~27 계산을 하세요.

7 $5-1-1$

8 $8-2-2$

9 $7-1-5$

10 $9-6-1$

11 $8-5-3$

12 $9-1-1$

13 $6-1-2$

14 $4-3-1$

15 $7-2-1$

16 $8-1-4$

17 $7-3-3$

18 $8-5-1$

19 $9-4-4$

20 $5-2-3$

21 $6-3-2$

22 $9-4-5$

23 $7-4-1$

24 $9-3-1$

25 $7-2-5$

26 $8-5-2$

27 $9-2-3$

28~32 빈칸에 알맞은 수를 써넣으세요.

28 | 5 | −2 | −2 | □ |

29 | 8 | −2 | −1 | □ |

30 | 9 | −4 | −3 | □ |

31 | 7 | −1 | −2 | □ |

32 | 9 | −3 | −3 | □ |

33~37 가장 큰 수에서 나머지 두 수를 뺀 값을 구해 보세요.

33 2 8 3 □

34 5 1 2 □

35 3 4 9 □

36 4 6 1 □

37 9 1 4 □

현중이는 음악 소리의 크기를 9칸에서 3칸을 줄이고 다시 2칸을 줄였습니다. 지금 듣고 있는 음악 소리의 크기는 몇 칸인가요?

처음 소리의 크기: □칸, 처음 줄인 크기: □칸, 두 번째 줄인 크기: □칸

(음악 소리의 크기)=(처음 소리의 크기)−(처음 줄인 크기)−(두 번째 줄인 크기)

=□−□−□=□(칸)

답 □칸

다른 그림 찾기

아래 그림에서 위 그림과 다른 부분 5군데를 모두 찾아 ○표 하세요.

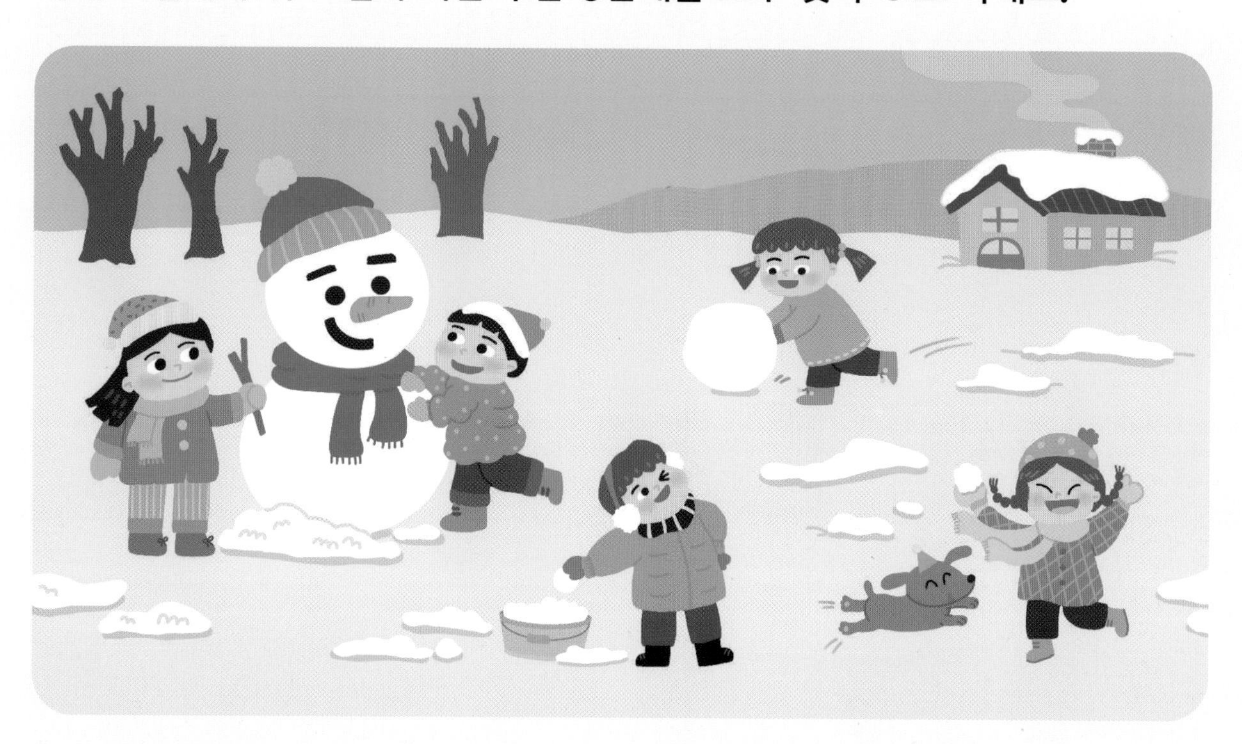

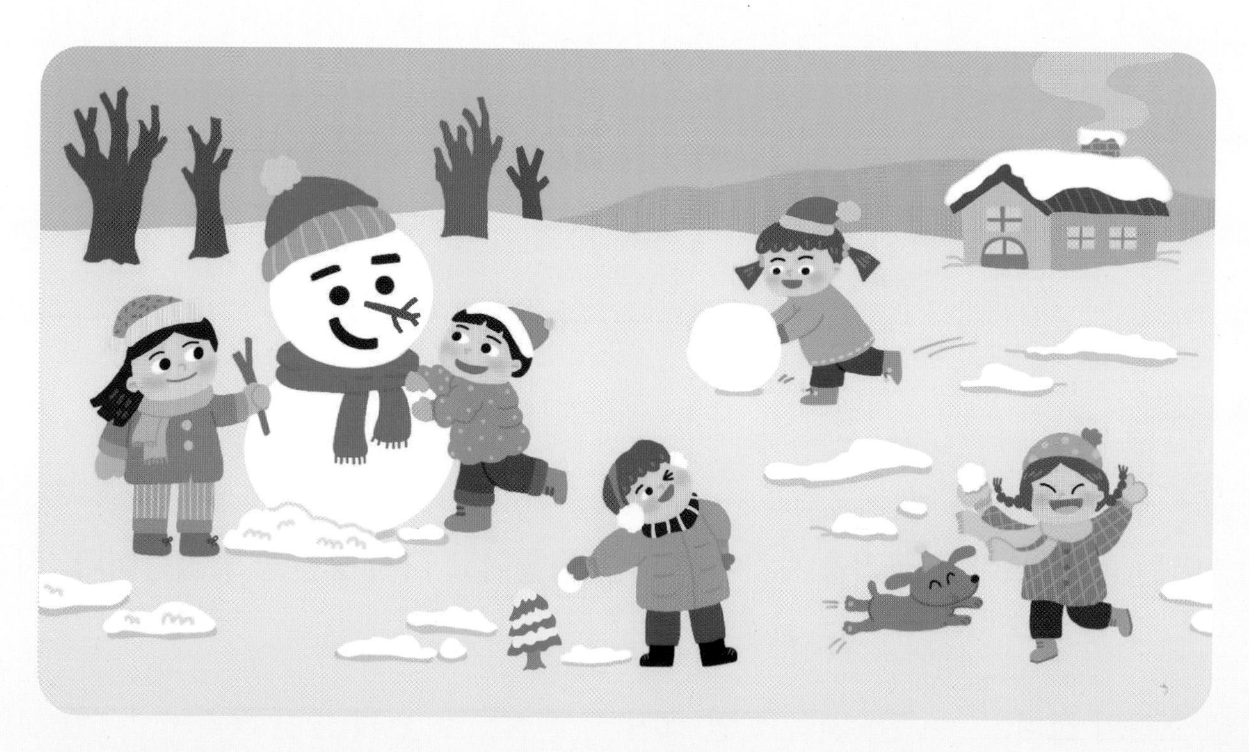

오늘 나의 실력을 평가해 봐!

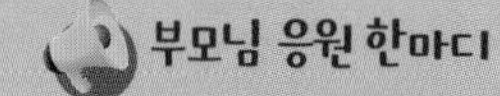

교과서 세 수의 덧셈과 뺄셈

3주 3일

⑤ 계산 결과의 크기 비교

● 2+1+4와 3+2+1의 크기를 비교해 볼까요?

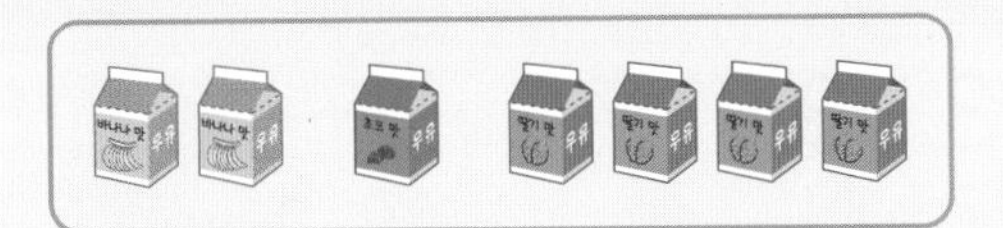

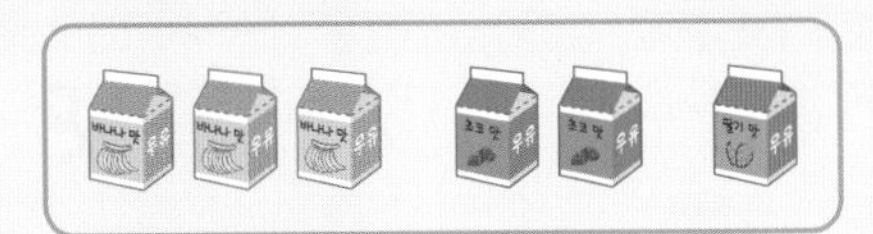

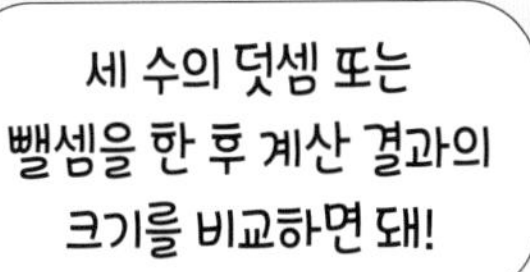
세 수의 덧셈 또는
뺄셈을 한 후 계산 결과의
크기를 비교하면 돼!

2+1+4 ⃝> 3+2+1
=7 =6

1~8 계산을 하고 계산 결과의 크기를 비교하여 ○ 안에 >, =, <를 알맞게 써넣으세요.

1

3+1+5	○	1+3+4
9		

2

2+2+2	○	1+2+3
		6

3

4+1+2	○	2+5+1
7		

4

3+3+1	○	1+1+6
		8

5

7−1−2	○	4−1−1
		2

6

8−3−4	○	6−1−3
1		

7

9−2−3	○	8−4−1
		3

8

5−2−1	○	7−3−1
2		

9~22 계산 결과의 크기를 비교하여 ○ 안에 >, =, <를 알맞게 써넣으세요.

9 $1+6+1$ ○ $4+1+4$

10 $5+2+1$ ○ $1+3+5$

11 $2+1+5$ ○ $3+2+2$

12 $5+1+3$ ○ $2+1+6$

13 $3+3+3$ ○ $4+3+1$

14 $4+2+1$ ○ $1+7+1$

15 $2+3+4$ ○ $3+3+2$

16 $6-2-3$ ○ $8-1-5$

17 $8-3-3$ ○ $9-5-2$

18 $7-1-4$ ○ $6-2-4$

19 $9-4-3$ ○ $7-2-1$

20 $5-1-1$ ○ $8-5-2$

21 $7-1-3$ ○ $9-6-1$

22 $5-1-2$ ○ $9-1-4$

23~25 계산 결과가 더 큰 것에 ○표 하세요.

23
- $3+1+4$ ○
- $3+5+1$ ○

24
- $1+5+2$ ○
- $1+1+4$ ○

25
- $1+5+1$ ○
- $4+2+2$ ○

26~28 계산 결과가 더 작은 것에 △표 하세요.

26
- $7-2-4$ ○
- $8-1-3$ ○

27
- $6-2-2$ ○
- $9-3-3$ ○

28
- $8-3-2$ ○
- $7-4-1$ ○

1반과 2반이 3일 동안 한 축구 경기에서 몇 골을 넣었는지 나타낸 것입니다. 1반과 2반 중에서 3일 동안 골을 더 많이 넣은 반은 몇 반인가요?

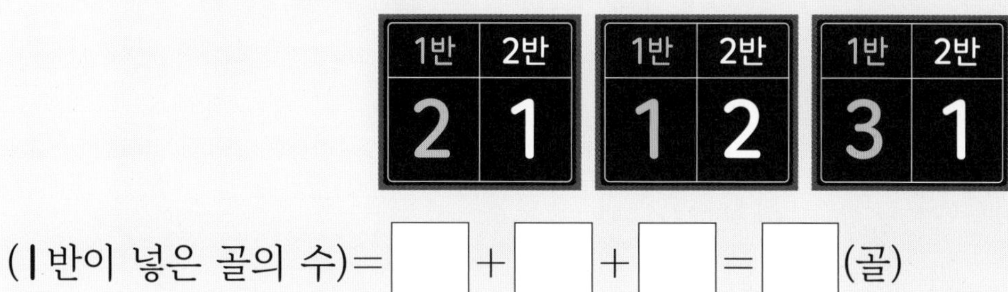

(1반이 넣은 골의 수)=□+□+□=□(골)

(2반이 넣은 골의 수)=□+□+□=□(골)

따라서 □ > □ 이므로 골을 더 많이 넣은 반은 □반입니다.

넣은 골의 수 비교하기

답 □반

도착지 찾기

계산 결과의 크기가 ①이 크면 ➡의 방향으로, ②가 크면 ➡의 방향으로 화살표를 따라가면 도착지를 찾을 수 있습니다. 알맞은 길을 따라가 보세요.

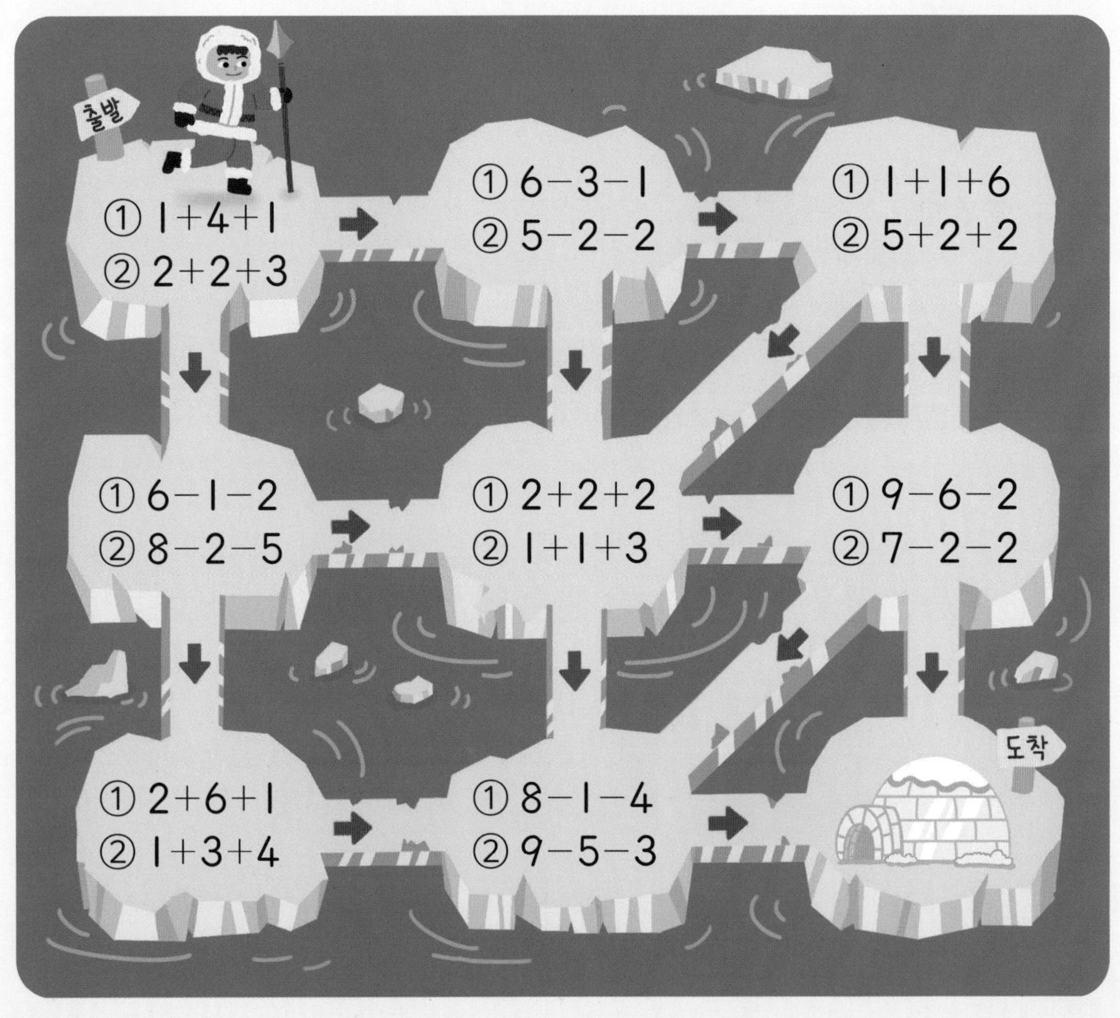

3주 3일
정답 확인

오늘 나의 실력을 평가해 봐!

부모님 응원 한마디

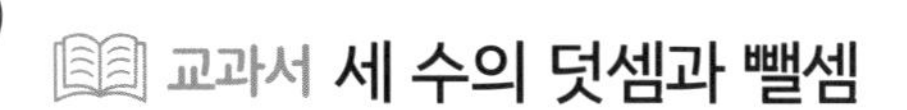

⑥ 두 수를 더하기

● 9+3을 계산해 볼까요?

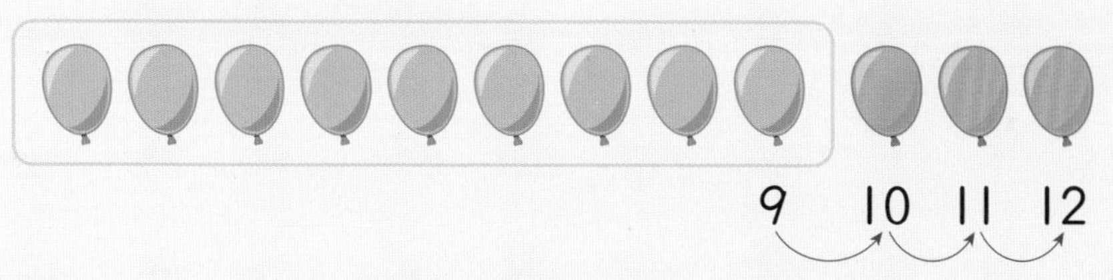

9+3을 계산할 때 9부터 9, 10, 11로 이어 세면 안 돼!

풍선이 9개하고 3개 더 있으므로 9에서부터 3만큼 이어 세면 9하고 10, 11, 12입니다. ➡ $9+3=12$

이어 세기를 하여 두 수를 더합니다.

1~6 두 수를 더해 보세요.

1

$5+7=\square$

2

$9+6=\square$

3

$3+8=\square$

4

$4+9=\square$

5

$7+7=\square$

6

$5+8=\square$

7~27 계산을 하세요.

7 $3+9$

8 $6+5$

9 $8+8$

10 $9+2$

11 $8+6$

12 $9+7$

13 $6+6$

14 $5+6$

15 $6+8$

16 $9+6$

17 $4+8$

18 $7+9$

19 $9+4$

20 $8+3$

21 $8+5$

22 $2+9$

23 $7+6$

24 $9+5$

25 $4+7$

26 $8+9$

27 $7+8$

28~30 □ 안에 알맞은 수를 써넣으세요.

28
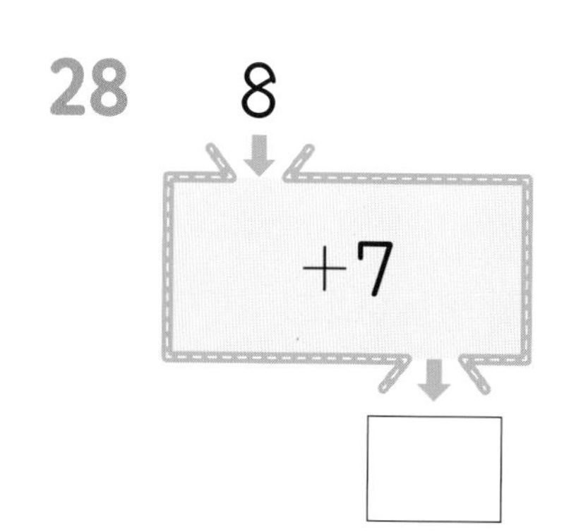

29
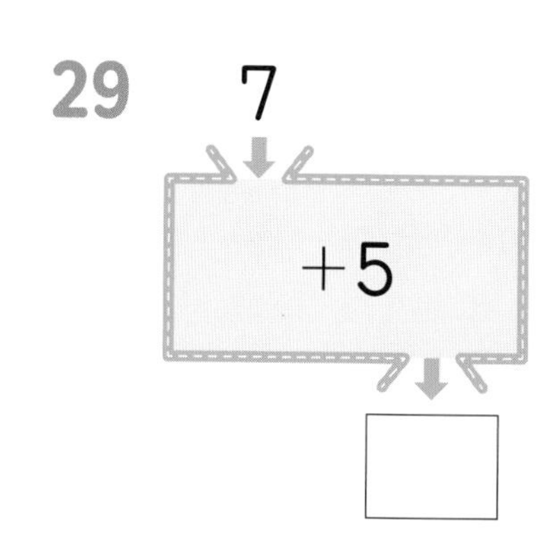

30
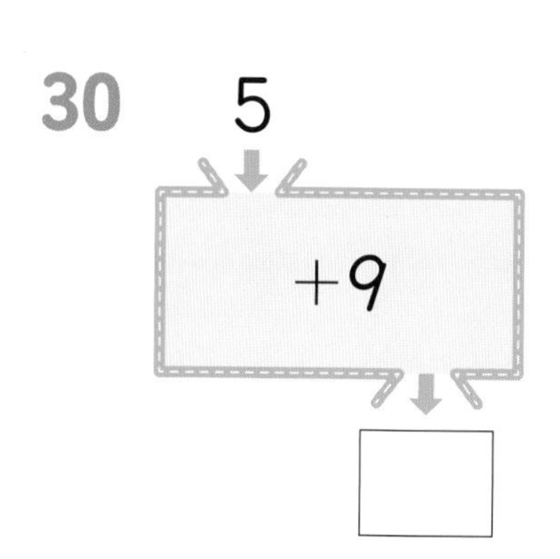

31~34 빈칸에 알맞은 수를 써넣으세요.

31
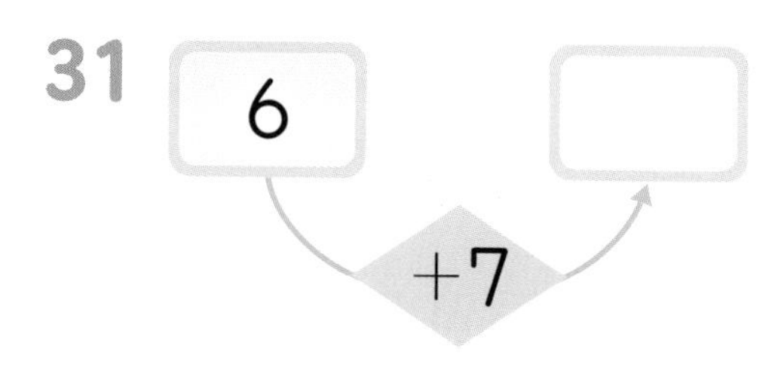

32
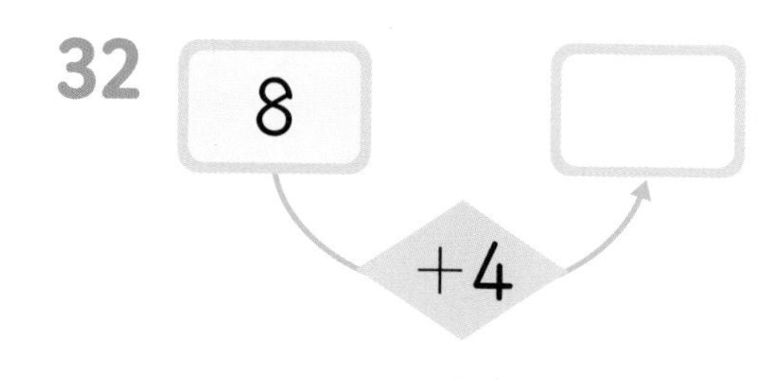

33
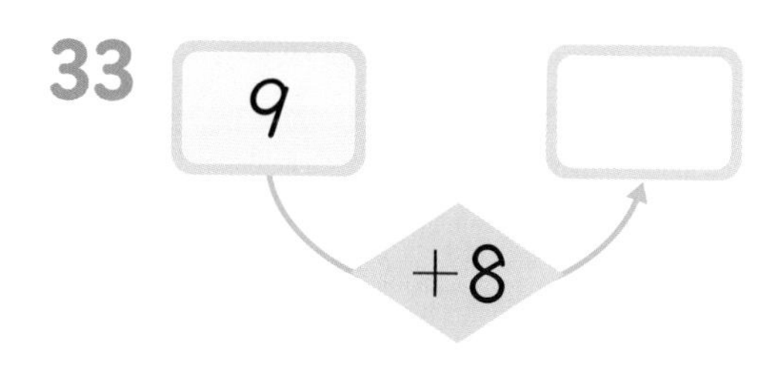

34
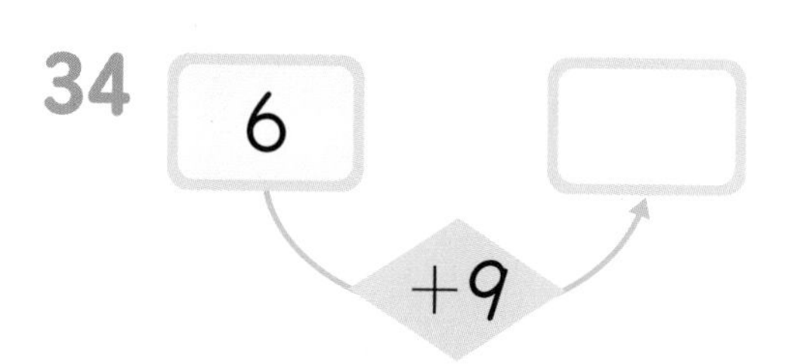

민지는 위인전을 어제 7쪽 읽었습니다. 오늘 4쪽을 더 읽었다면 민지가 어제와 오늘 읽은 위인전은 모두 몇 쪽인가요?

어제 읽은 쪽수: 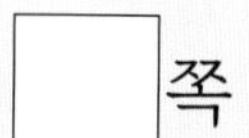 쪽, 오늘 읽은 쪽수: □쪽

(어제와 오늘 읽은 쪽수)=(어제 읽은 쪽수)+(오늘 읽은 쪽수)

=□+□=□(쪽)

답  쪽

도둑은 누구일까요?

어느 날 한 미술관에 도둑이 들어 가장 비싼 미술 작품을 훔쳐 갔습니다. 사건 단서 ①, ②, ③의 계산 결과에 해당하는 글자를 〈사건 단서 해독표〉에서 찾아 차례로 쓰면 도둑의 이름을 알 수 있습니다. 명탐정과 함께 주어진 사건 단서를 가지고 도둑의 이름을 알아보세요.

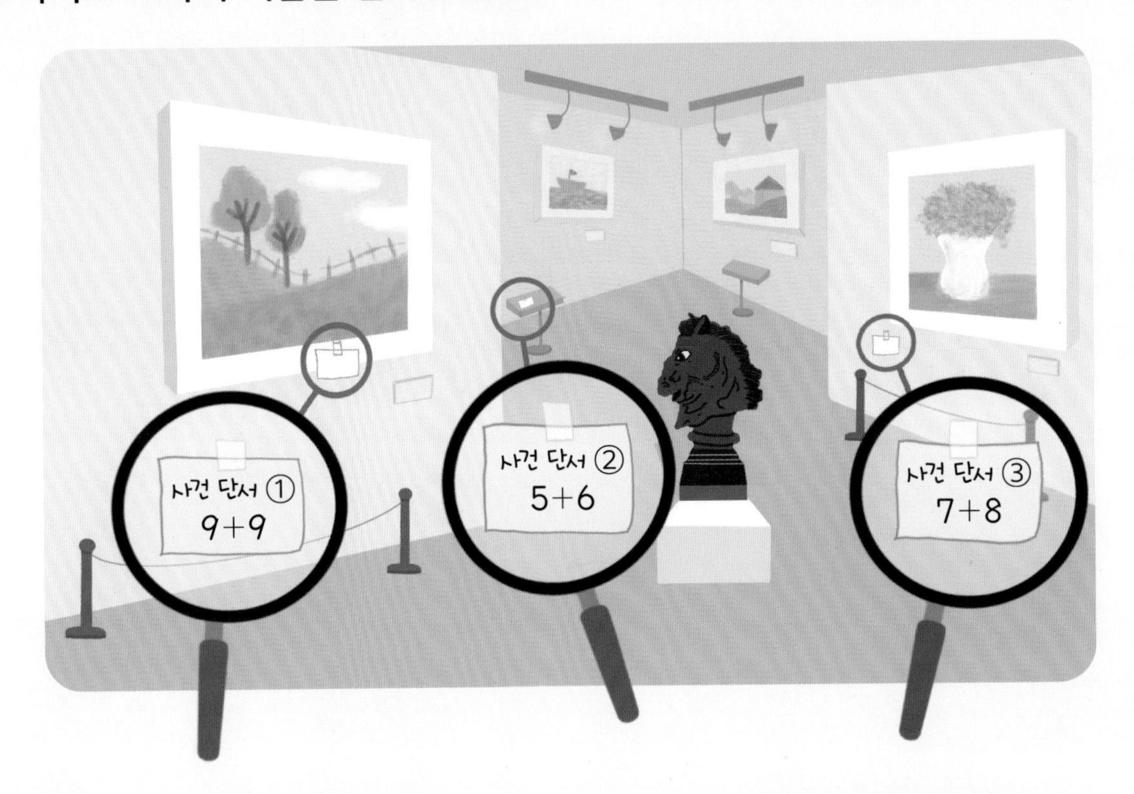

사건 현장에서 단서를 찾아 오른쪽의 〈사건 단서 해독표〉를 이용하여 도둑의 이름을 알아봐.

<사건 단서 해독표>

정	16	주	15	김	13
진	11	오	12	박	17
화	19	사	14	이	18

도둑의 이름은 바로 ① ____ ② ____ ③ ____ 입니다.

3주 4일
정답 확인

오늘 나의 실력을 평가해 봐!

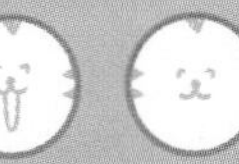
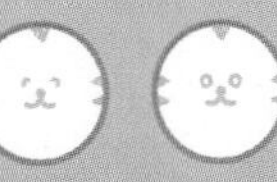

부모님 응원 한마디

⑦ 두 수를 바꾸어 더하기

● 8+4와 4+8의 계산 결과를 비교해 볼까요?

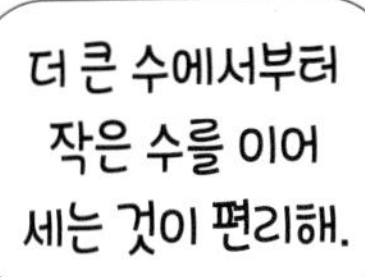

8에서부터 4만큼 이어 세면 12입니다. ➡ 8+4=12

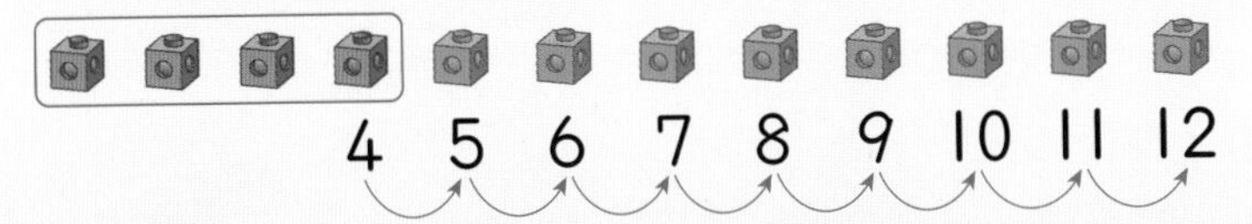

4에서부터 8만큼 이어 세면 12입니다. ➡ 4+8=12

두 수를 바꾸어 더해도 계산 결과는 같습니다.

1~4 두 수를 바꾸어 더해 보세요.

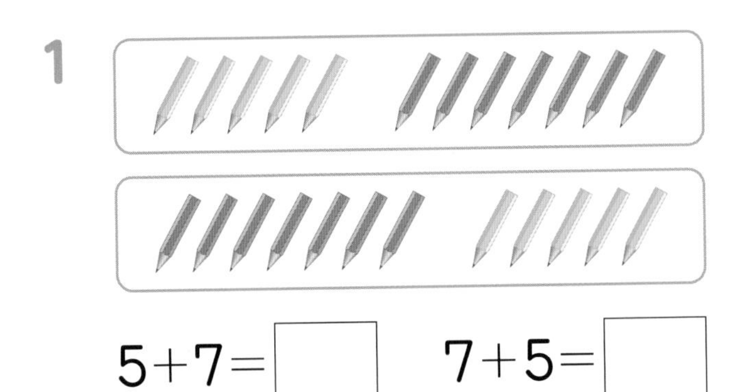

1

5+7=☐　7+5=☐

2

9+6=☐　6+9=☐

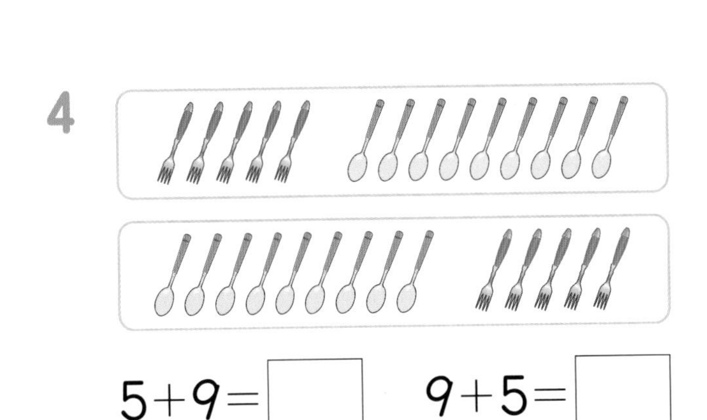

3

4+7=☐　7+4=☐

4

5+9=☐　9+5=☐

5~18 □ 안에 알맞은 수를 써넣으세요.

5 $6+8=\square+6$

6 $4+9=9+\square$

7 $7+5=\square+7$

8 $2+9=9+\square$

9 $7+6=\square+7$

10 $4+8=8+\square$

11 $8+3=\square+8$

12 $5+8=8+\square$

13 $9+7=\square+9$

14 $6+9=9+\square$

15 $7+8=\square+7$

16 $9+5=5+\square$

17 $3+9=\square+3$

18 $5+6=6+\square$

19~21 빈칸에 알맞은 수를 써넣으세요.

19 ⊕ →

6	5	
5	6	

20 ⊕ →

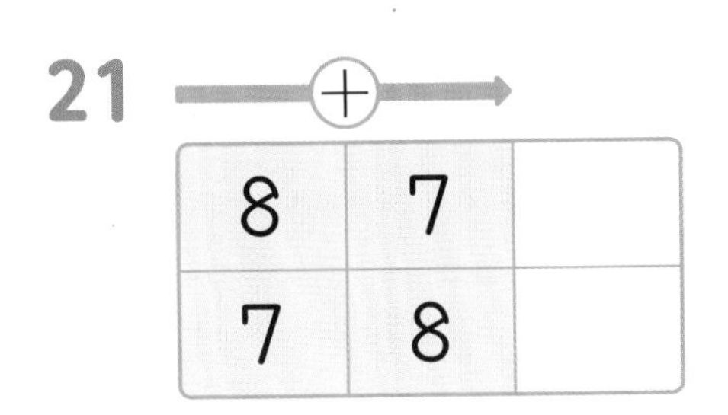

9	8	
8	9	

21 ⊕ →

8	7	
7	8	

22~24 계산 결과가 같은 것끼리 이어 보세요.

22

6+7 •	• 7+6
3+8 •	• 6+8
8+6 •	• 8+3

23

3+9 •	• 5+8
7+4 •	• 4+7
8+5 •	• 9+3

24

2+9 •	• 9+7
9+6 •	• 9+2
7+9 •	• 6+9

미주와 정우가 가지고 있는 구슬 수를 나타낸 것입니다. 미주와 정우가 가지고 있는 구슬 수의 합이 같을 때 정우가 가지고 있는 초록색 구슬은 몇 개인가요?

미주	노란색 구슬: 9개	초록색 구슬: 4개
정우	노란색 구슬: 4개	초록색 구슬: □개

두 수를 바꾸어 더해도 계산 결과는 (같으므로 , 다르므로) 9+4=4+□입니다.

따라서 정우가 가지고 있는 초록색 구슬은 □개입니다.

미로 찾기

경호는 아빠와 함께 캠핑장에 가려고 합니다. 길을 찾아 선으로 이어 보세요.

오늘 나의 실력을 평가해 봐!

부모님 응원 한마디

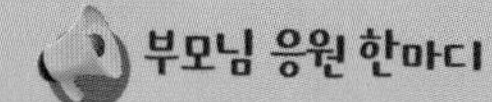

⑧ 10이 되는 더하기

● 모형을 이용하여 10이 되는 더하기를 알아볼까요?

1+9=10　2+8=10　3+7=10

4+6=10　5+5=10　6+4=10

7+3=10　8+2=10　9+1=10

모으기를 해서 10이 되는 두 수는 1과 9, 2와 8, 3과 7, 4와 6, 5와 5야.

● 8과 더하기를 해서 10이 되는 수를 알아볼까요?

○ 8개와 ○ 2개를 더하면 모두 10개입니다.

➡ 8+[2]=10

1~4 그림을 보고 □ 안에 알맞은 수를 써넣으세요.

1 5+□=10

2 2+□=10

3 □+7=10

4 □+6=10

5~9 합이 10이 되도록 ○를 더 그리고, □ 안에 알맞은 수를 써넣으세요.

5

○	○	○	○	

$4+\square=10$

6

○	○	○	○	○
○	○			

$7+\square=10$

7

○	○	○	○	○
○	○	○		

$8+\square=10$

8

○	○	○	○	○

$5+\square=10$

9

○	○	○		

$3+\square=10$

10~16 □ 안에 알맞은 수를 써넣으세요.

10 $\square+3=10$

11 $1+\square=10$

12 $\square+5=10$

13 $6+\square=10$

14 $\square+7=10$

15 $2+\square=10$

16 $\square+1=10$

17~19 □ 안에 알맞은 수를 써넣으세요.

17

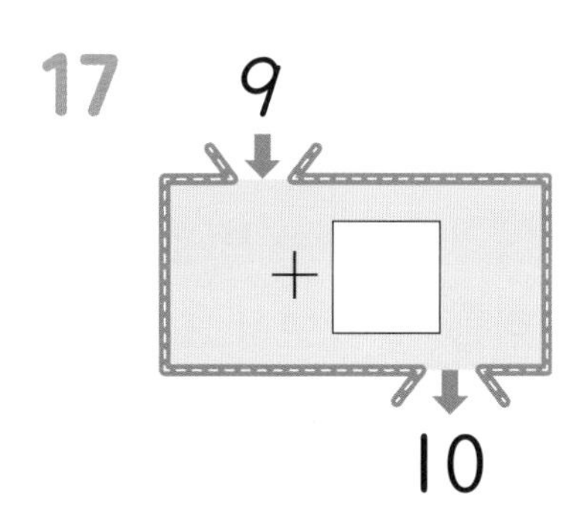

18

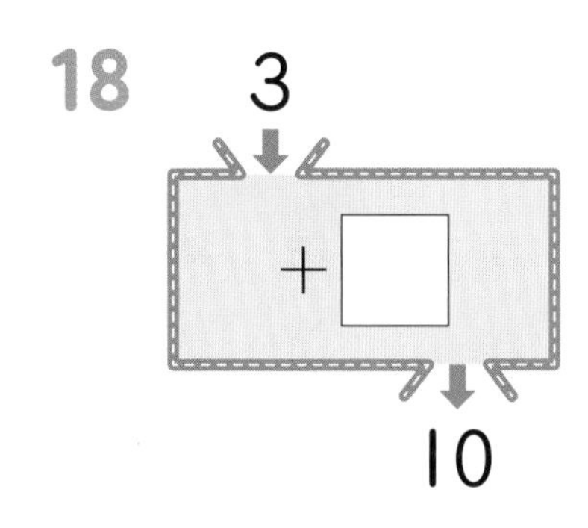

19

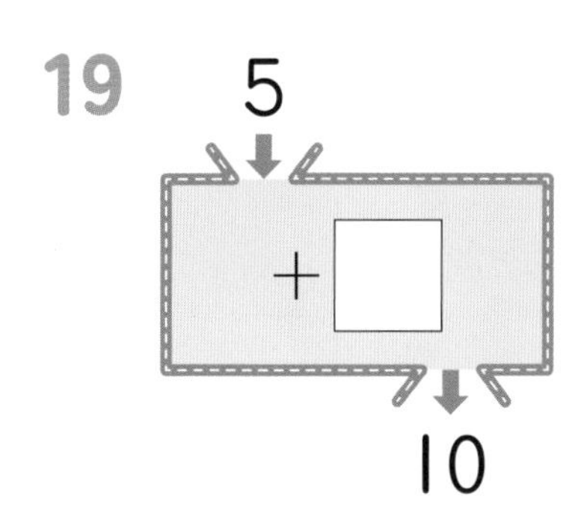

20~22 합이 10이 되는 두 수를 찾아 색칠하세요.

20

7	2	3	6

21

3	6	4	5

22

1	8	5	2

검은색 바둑돌이 4개 있었는데 흰색 바둑돌을 몇 개 더 가져와서 바둑돌이 모두 10개가 되었습니다. 더 가져온 흰색 바둑돌은 몇 개인가요?

검은색 바둑돌 수: □개, 전체 바둑돌 수: □개

검은색 바둑돌 수 → □ + □ = □ ← 전체 바둑돌 수

따라서 더 가져온 흰색 바둑돌은 □개입니다.

답 □개

비밀번호는 무엇일까요?

동준이와 아라는 금고를 열려고 합니다. 금고의 비밀번호는 보기 에 있는 번호에 알맞은 수를 차례로 이어 붙여 쓴 것입니다. 금고의 비밀번호를 알아보세요.

아라야!
금고의 비밀번호가
생각나지 않아.

걱정하지 마! 더해서 10이 되는
두 수를 생각하여 문제를 풀면
비밀번호를 찾을 수 있어.

동준　　　아라

보기

$1+\boxed{①}=10$　　$\boxed{②}+6=10$

$5+\boxed{③}=10$　　$\boxed{④}+8=10$

①　②　③　④

금고의 비밀번호는 ☐☐☐☐ 입니다.

오늘 나의 실력을 평가해 봐!

부모님 응원 한마디

⑨ 10에서 빼기

● 모형을 이용하여 10에서 빼기를 알아볼까요?

10은 1과 9, 2와 8, 3과 7, 4와 6, 5와 5로 가르기 할 수 있어.

● 10에서 빼기를 해서 7이 되는 수를 알아볼까요?

○	○	○	○	○
○	○	∅	∅	∅

○ 10개 중에서 3개를 ／로 지우면 ○는 7개가 남습니다.

➡ 10−[3]=7

1~3 그림을 보고 □ 안에 알맞은 수를 써넣으세요.

1

🌙🌙🌙🌙🌙🌙🌙🌙🌙🌙
⭐⭐⭐⭐⭐⭐

10−6=□

2

🌙🌙🌙🌙🌙🌙🌙🌙🌙🌙
⭐⭐

10−2=□

3

🌙🌙🌙🌙🌙🌙🌙🌙🌙🌙
⭐⭐⭐⭐⭐

10−5=□

4~8 식에 맞게 ○를 ╱로 지우고, □ 안에 알맞은 수를 써넣으세요.

4
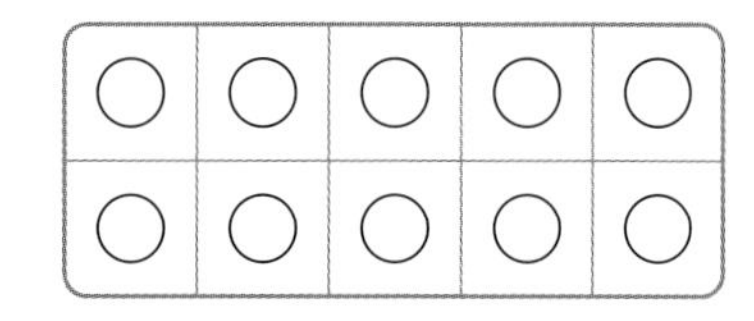

$10-4=\square$

5
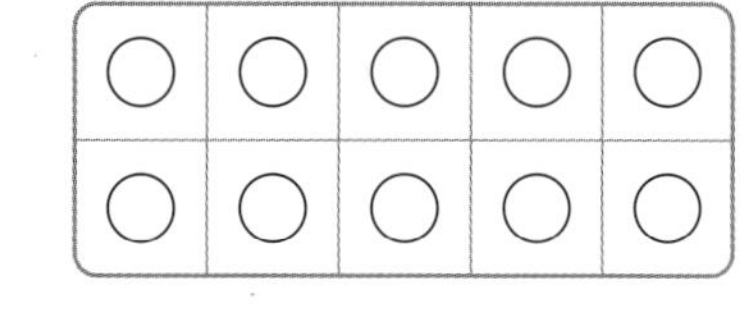

$10-1=\square$

6
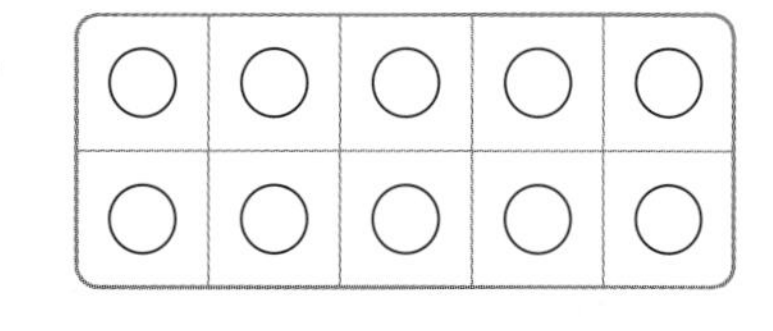

$10-8=\square$

7
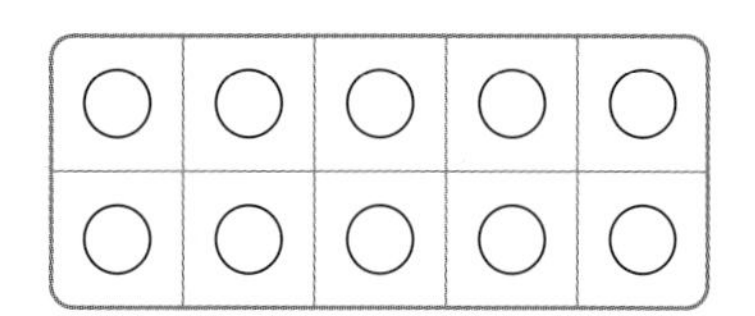

$10-6=\square$

8
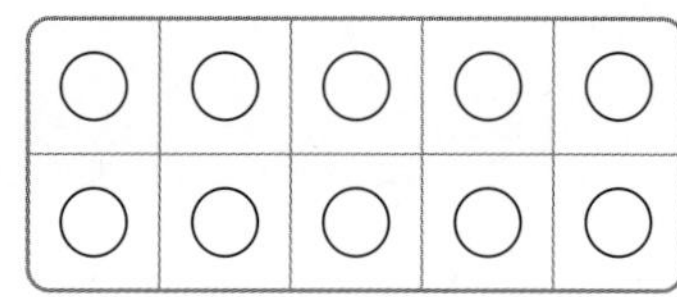

$10-2=\square$

9~15 □ 안에 알맞은 수를 써넣으세요.

9 $10-\square=2$

10 $10-9=\square$

11 $10-\square=4$

12 $10-3=\square$

13 $10-\square=8$

14 $10-5=\square$

15 $10-\square=3$

16~19 □ 안에 알맞은 수를 써넣으세요.

16

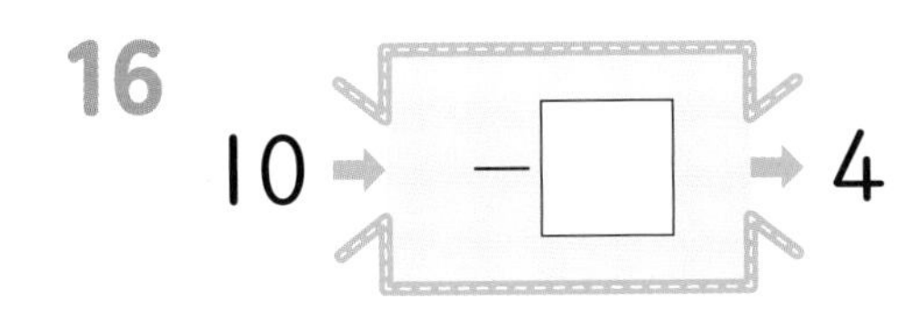

17

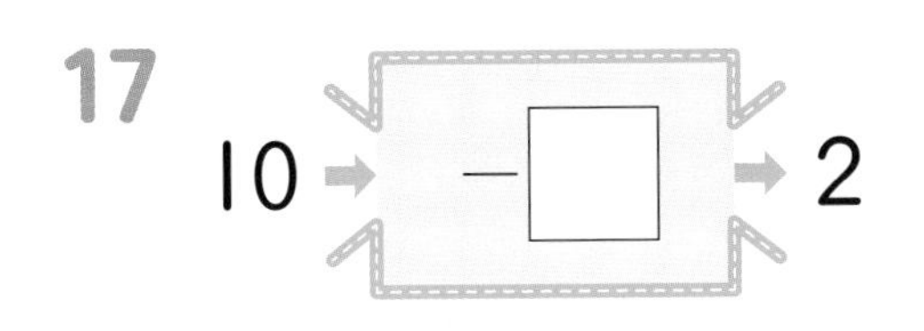

18

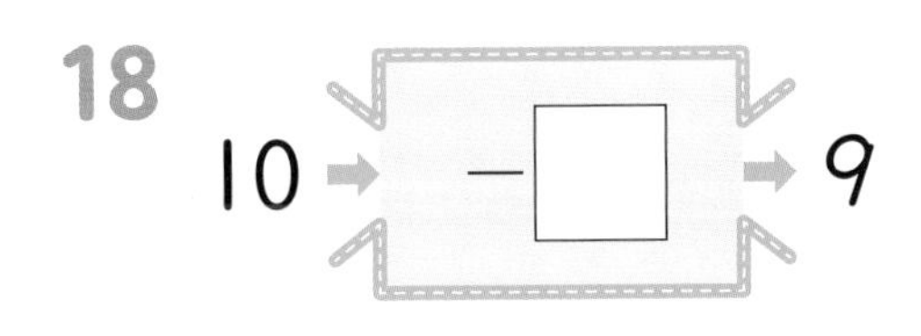

19

10 → −□ → 5

20~23 □ 안에 알맞은 수가 더 큰 것에 ○표 하세요.

20

10−9=□ (　　)

10−1=□ (　　)

21

10−5=□ (　　)

10−2=□ (　　)

22

10−4=□ (　　)

10−6=□ (　　)

23

10−7=□ (　　)

10−8=□ (　　)

피자가 10조각 있었습니다. 현수가 그중에서 몇 조각을 먹었더니 7조각이 남았습니다. 현수가 먹은 피자는 몇 조각인가요?

전체 피자 조각 수: □조각, 남은 피자 조각 수: □조각

전체 피자 조각 수　남은 피자 조각 수

□−□=□

따라서 현수가 먹은 피자는 □조각입니다.

답 □조각

빌딩 찾기

수애는 아버지가 일하고 계시는 빌딩을 찾아가려고 합니다. 보기 중 □ 안에 알맞은 수가 홀수인 번호를 아래 숫자판에 모두 색칠하면 수애 아버지가 일하고 계시는 빌딩의 층수가 나옵니다. 어느 빌딩인지 찾아 쓰세요.

가 빌딩	나 빌딩	다 빌딩	라 빌딩
25층	36층	32층	22층

보기

① $10-6=\square$　② $10-\square=1$

③ $10-\square=2$　④ $10-5=\square$

⑤ $10-7=\square$　⑥ $10-\square=8$

⑦ $10-\square=9$　⑧ $10-3=\square$

홀수는 1, 3, 5, 7, 9와 같이 둘씩 짝을 지을 수 없는 수야.

오늘 나의 실력을 평가해 봐!

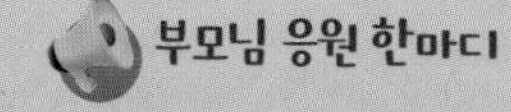

부모님 응원 한마디

공부한 날
월 일

4주 3일

⑩ 앞의 두 수로 10을 만들어 더하기

● 4+6+3을 계산해 볼까요?

$4+6+3=13$

① 10

② 13

① 앞의 두 수를 먼저 더하여 10을 만듭니다.
② 만든 10에 나머지 수를 더합니다.

두 수를 먼저 더해
10을 만들면 나머지 수를
쉽게 더할 수 있어.

1~6 □ 안에 알맞은 수를 써넣으세요.

1 $3+7+5=\square$ (□, □)

4 $1+9+6=\square$ (□, □)

2 $8+2+4=\square$ (□, □)

5 $6+4+2=\square$ (□, □)

3 $5+5+7=\square$ (□, □)

6 $2+8+9=\square$ (□, □)

7~27 계산을 하세요.

7 $6+4+3$

8 $2+8+4$

9 $3+7+1$

10 $9+1+3$

11 $8+2+6$

12 $4+6+8$

13 $7+3+5$

14 $5+5+8$

15 $1+9+5$

16 $2+8+1$

17 $7+3+4$

18 $4+6+5$

19 $1+9+2$

20 $6+4+7$

21 $8+2+9$

22 $3+7+4$

23 $1+9+7$

24 $5+5+2$

25 $6+4+5$

26 $7+3+9$

27 $9+1+8$

28~31 빈칸에 알맞은 수를 써넣으세요.

28

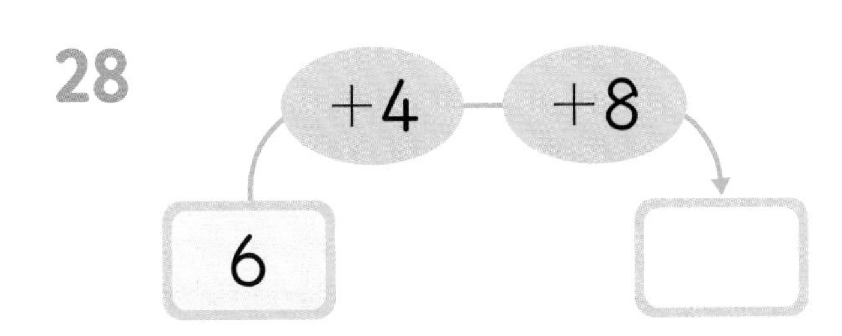

29

6 → +9 → +3 → □

1 → +9 → +3 → □

30

8 → +2 → +5 → □

31

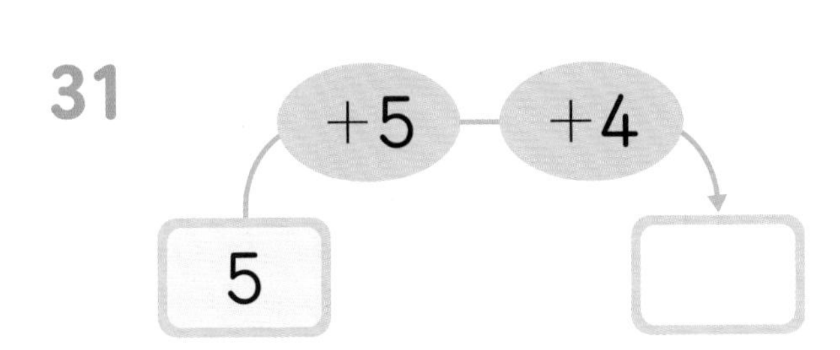

32~34 계산 결과가 같은 것끼리 이어 보세요.

32

1+9+4 ·	· 10+1
5+5+6 ·	· 10+6
6+4+1 ·	· 10+4

33

2+8+7 ·	· 10+2
4+6+2 ·	· 10+7
7+3+8 ·	· 10+8

34

5+5+3 ·	· 10+5
9+1+5 ·	· 10+9
3+7+9 ·	· 10+3

바구니에 귤이 7개, 사과가 3개, 복숭아가 6개 들어 있습니다. 바구니에 들어 있는 과일은 모두 몇 개인가요?

귤 수: □개, 사과 수: □개, 복숭아 수: □개

(전체 과일 수)=(귤 수)+(사과 수)+(복숭아 수)

=□+□+□=□(개)

답 □개

사다리 타기

사다리 타기는 세로선을 따라 아래로 내려가다가 가로선을 만나면 가로로 이동하고, 다시 세로선을 만나면 세로선을 따라 아래로 내려가는 놀이입니다. 주어진 식의 계산 결과를 사다리를 타고 내려가서 도착한 곳에 써넣으세요.

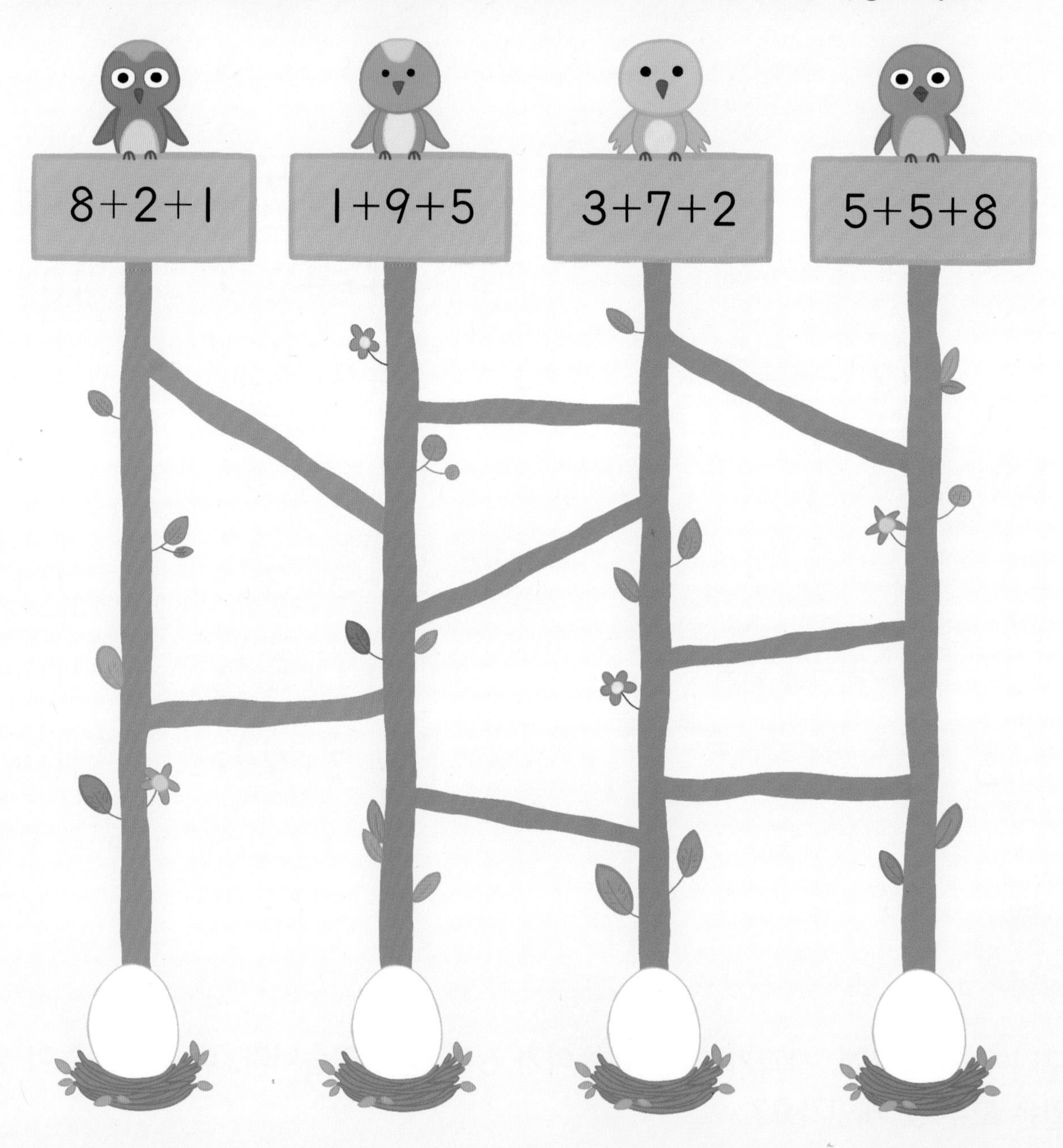

4주 3일
정답 확인

오늘 나의 실력을 평가해 봐!

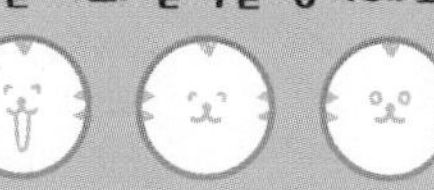

부모님 응원 한마디

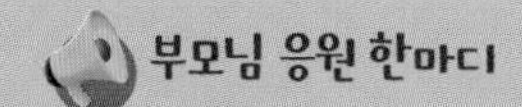

11 뒤의 두 수로 10을 만들어 더하기

● 2+3+7을 계산해 볼까요?

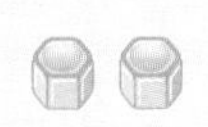

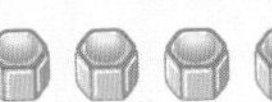
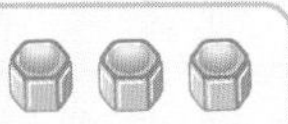

세 수의 덧셈은 순서를 바꾸어 더해도 계산 결과가 같아.

$2+3+7=12$

① 10

② 12

① 뒤의 두 수를 먼저 더하여 10을 만듭니다.
② 만든 10에 나머지 수를 더합니다.

1~6 □ 안에 알맞은 수를 써넣으세요.

1 $4+1+9=\square$

4 $6+7+3=\square$

2 $1+8+2=\square$

5 $3+6+4=\square$

3 $8+5+5=\square$

6 $7+2+8=\square$

7~27 계산을 하세요.

7 3+8+2

8 1+6+4

9 8+3+7

10 4+7+3

11 7+6+4

12 6+2+8

13 5+4+6

14 2+9+1

15 9+4+6

16 5+3+7

17 3+2+8

18 4+5+5

19 5+8+2

20 3+1+9

21 5+2+8

22 6+9+1

23 3+5+5

24 1+4+6

25 8+1+9

26 5+6+4

27 9+8+2

28~33 빈칸에 세 수의 합을 써넣으세요.

28

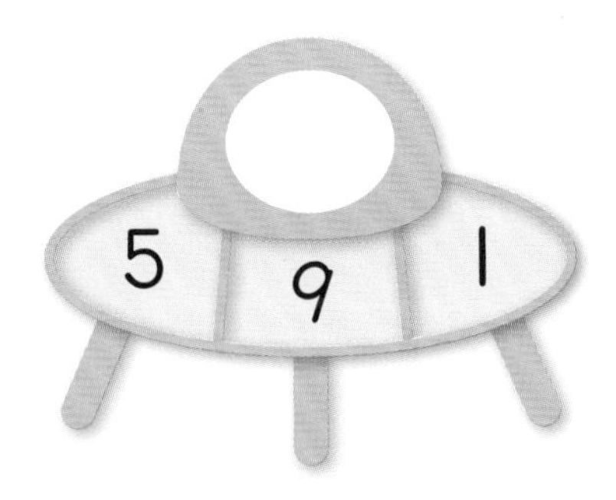

29

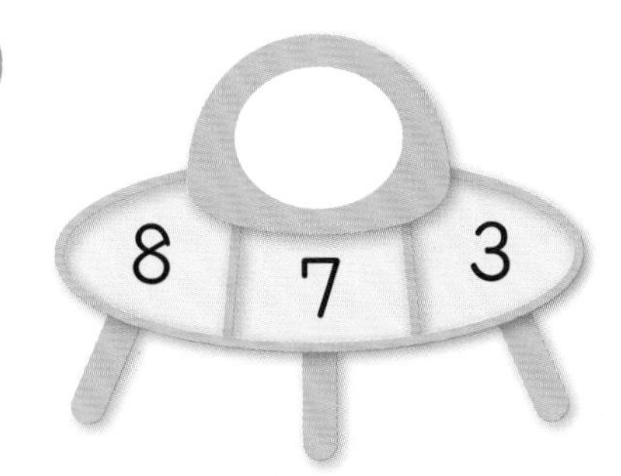

30

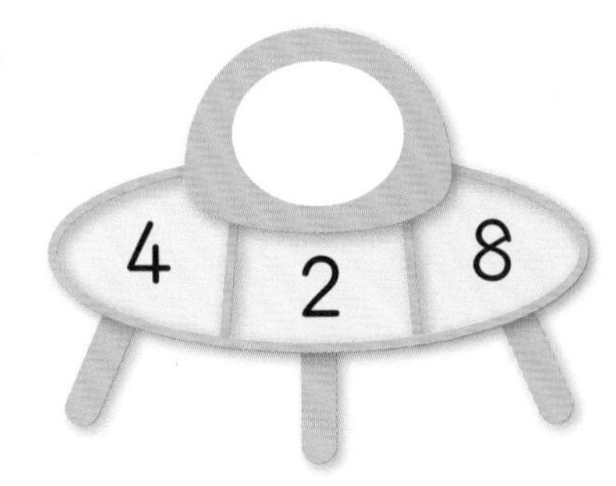

31

32

33

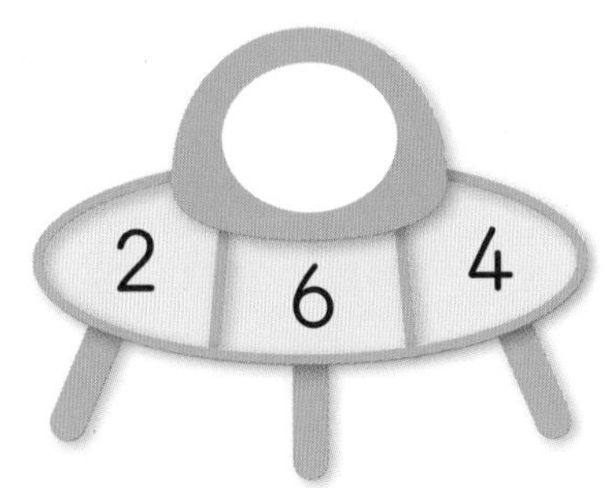

다애가 주사위 3개를 던져서 나온 눈입니다. 나온 눈의 수의 합은 몇인가요?

주사위 눈의 수 ➡ 주황색: □, 노란색: , 파란색: 

(나온 눈의 수의 합)=(주황색 눈의 수)+(노란색 눈의 수)+(파란색 눈의 수)

=□+□+□=□

 답 

숨은 그림 찾기

다음 그림에서 숨은 그림 5개를 모두 찾아 ○표 하세요.

연필 돋보기 종이비행기 꽃 바나나

오늘 나의 실력을 평가해 봐!

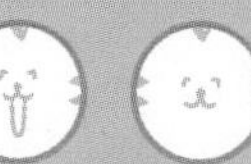

부모님 응원 한마디

⑫ 양 끝의 두 수로 10을 만들어 더하기

● 8+5+2를 계산해 볼까요?

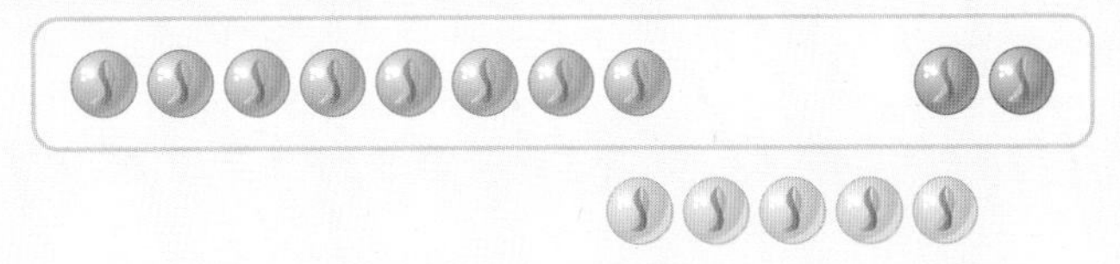

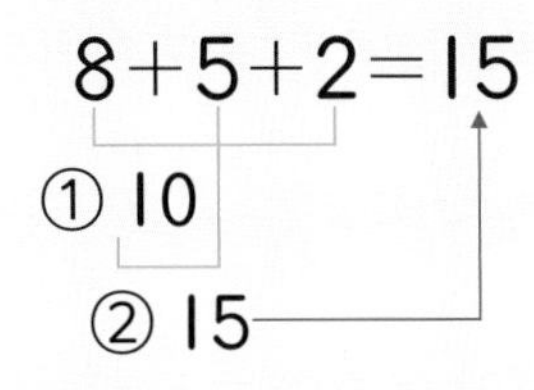

$8+5+2=15$

① 10

② 15

① 양 끝의 두 수를 먼저 더하여 10을 만듭니다.
② 만든 10에 나머지 수를 더합니다.

순서를 바꾸어 더해도 계산 결과가 같으므로 합이 10이 되는 양 끝의 두 수를 먼저 더해!

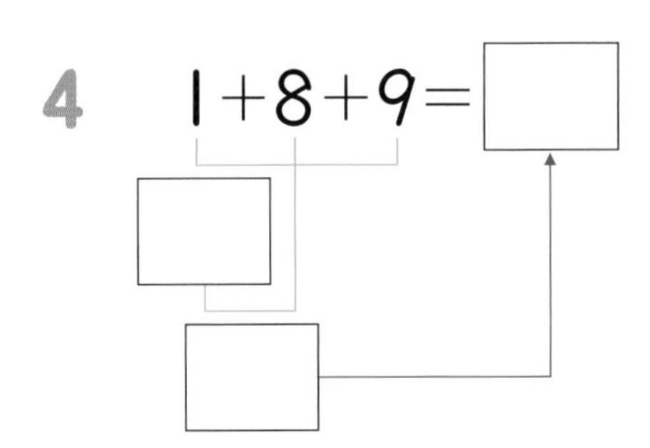

1~6 □ 안에 알맞은 수를 써넣으세요.

1 $3+2+7=$ □

2 $5+6+5=$ □

3 $4+1+6=$ □

4 $1+8+9=$ □

5 $2+7+8=$ □

6 $7+5+3=$ □

7~27 계산을 하세요.

7 $9+5+1$

8 $4+3+6$

9 $2+6+8$

10 $7+1+3$

11 $5+7+5$

12 $8+4+2$

13 $6+2+4$

14 $8+6+2$

15 $5+3+5$

16 $4+9+6$

17 $3+6+7$

18 $2+4+8$

19 $6+7+4$

20 $1+5+9$

21 $1+7+9$

22 $2+9+8$

23 $7+6+3$

24 $5+4+5$

25 $9+2+1$

26 $3+5+7$

27 $4+8+6$

28~33 합이 10이 되는 두 수를 ◯로 묶고, □ 안에 알맞은 수를 써넣으세요.

28

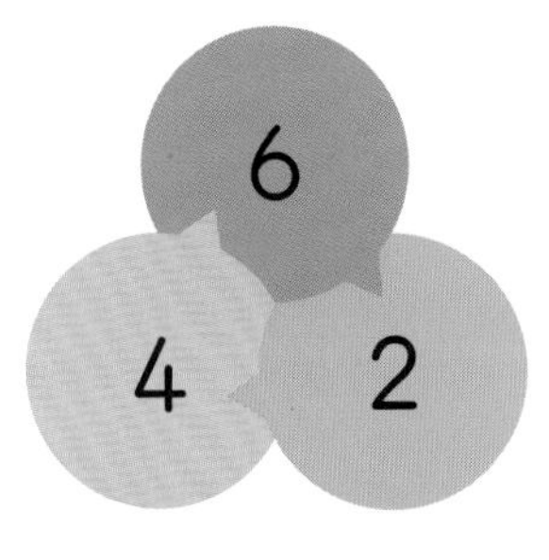

$4+2+6=$ □

31

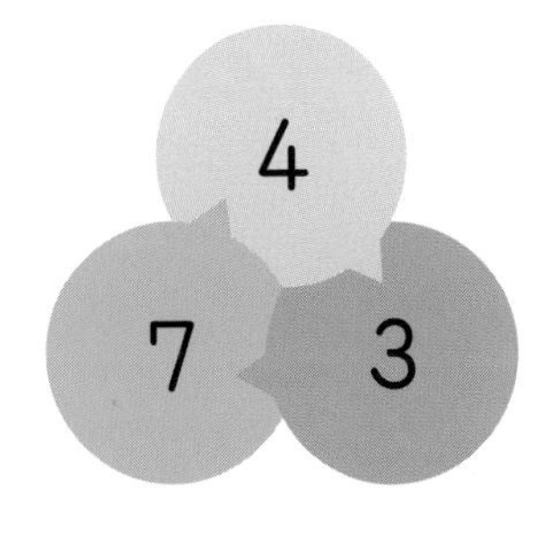

$7+4+3=$ □

29

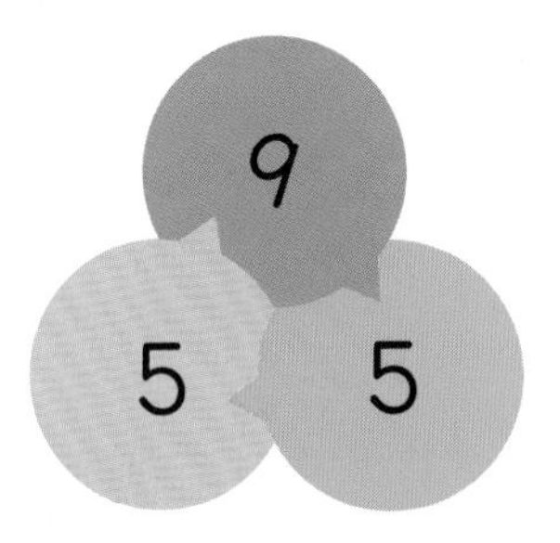

$5+9+5=$ □

32

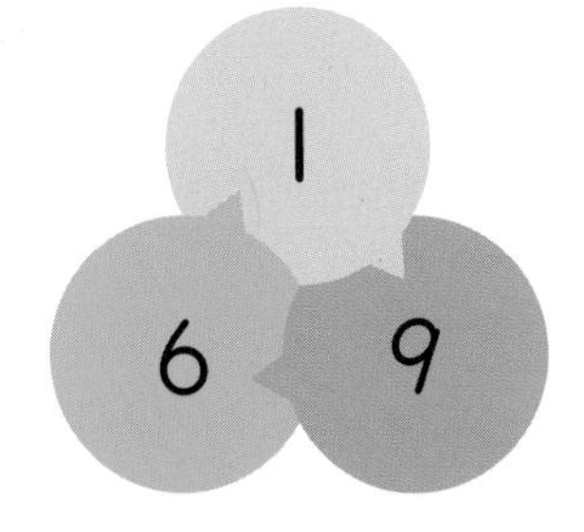

$1+6+9=$ □

30

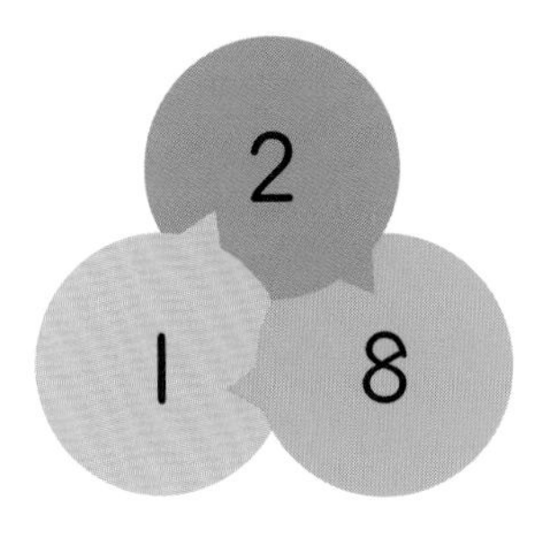

$2+1+8=$ □

33

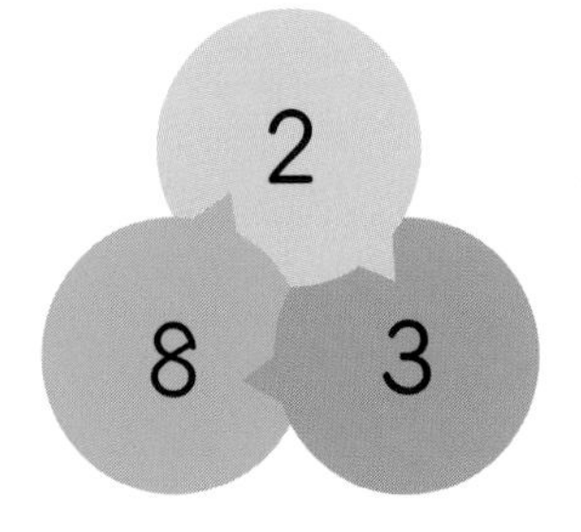

$8+3+2=$ □

동물원에 사슴이 3마리, 하마가 4마리, 기린이 7마리 있습니다. 동물원에 있는 동물은 모두 몇 마리인가요?

사슴의 수: □마리, 하마의 수: □마리, 기린의 수: 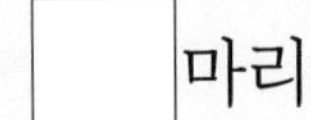 □마리

(전체 동물의 수)=(사슴의 수)+(하마의 수)+(기린의 수)

=□+□+□=□(마리)　　　답 □마리

속담을 완성해 볼까요?

계산을 한 후 계산 결과에 해당하는 곳에 글자를 써넣으면 속담을 완성할 수 있습니다. 속담을 완성하세요.

배	사	간	공	만	산
3+1+7	2+5+8	6+9+4	7+8+3	5+6+5	9+3+1

15	18	이	16	으	면
( )	( )		( )		

11	가	13	으	로	19	다
( )		( )			( )	

4주 5일
정답 확인

오늘 나의 실력을 평가해 봐!

부모님 응원 한마디

마무리 연산

1~2 그림을 보고 □ 안에 알맞은 수를 써넣으세요.

1

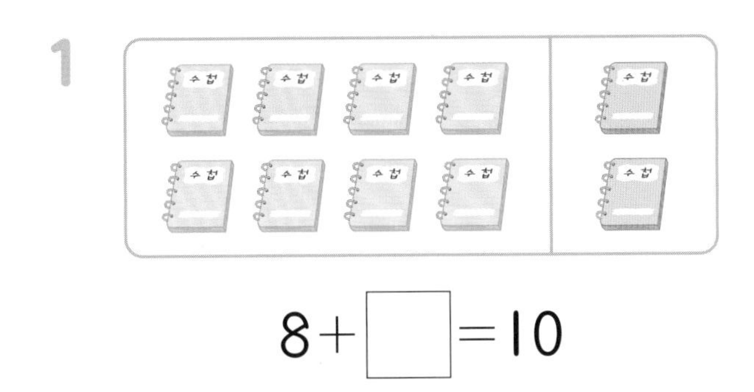

$8+\square=10$

2

$10-3=\square$

3~10 계산을 하세요.

3 $5+1+3$

4 $8-3-4$

5 $5+9$

6 $8+5$

7 $2+8+6$

8 $7+4+6$

9 $2+9+1$

10 $5+8+5$

11~14 □ 안에 알맞은 수를 써넣으세요.

11 $8+7=7+\square$

12 $9+6=\square+9$

13 $\square+9=10$

14 $10-\square=6$

15~20 빈칸에 알맞은 수를 써넣으세요.

15 2 → +5 → +2 → □

16 7 → −1 → −3 → □

17 9 → −5 → −3 → □

18 5 | +5 | +2 | □

19 7 | +1 | +9 | □

20 8 | +4 | +2 | □

21~26 계산 결과가 더 큰 것에 ○표 하세요.

21 3+9 (   ) 6+7 (   )

22 5+8 (   ) 9+6 (   )

23 7+8 (   ) 9+5 (   )

24 8+2+4 (   ) 1+2+9 (   )

25 8+3+7 (   ) 2+5+8 (   )

26 5+6+5 (   ) 6+4+7 (   )

27 계산이 틀린 것을 찾아 ×표 하세요.

$4+2+1=7$	$10-2=8$	$2+7+8=18$
(　　)	(　　)	(　　)

28 합이 10이 되는 것을 모두 찾아 색칠하세요.

3+7

8+2

29 가장 큰 수에서 나머지 두 수를 뺀 값을 구해 보세요.

3　5　1

(　　　　　)

30 계산 결과가 홀수인 것의 기호를 쓰세요.

㉠ $5+5+4$　㉡ $3+4+6$

(　　　　　)

31~34 **알맞은 식을 쓰고, 답을 구해 보세요.**

31 운동장에 농구하는 학생이 3명, 줄넘기하는 학생이 2명, 달리기하는 학생이 3명 있습니다. 운동장에 있는 학생은 모두 몇 명인가요?

32 상자 안에 파인애플 주스가 7병, 사과 주스가 9병 있습니다. 상자 안에 있는 주스는 모두 몇 병인가요?

33 접시에 만두가 10개 있습니다. 민호가 만두를 5개 먹었다면 남은 만두는 몇 개인가요?

34 지효와 나리는 1층에서 엘리베이터를 탔습니다. 지효는 4층 더 올라가서 내렸고, 나리는 지효가 내린 다음 9층 더 올라가서 내렸습니다. 나리는 몇 층에서 내렸을까요?

식

답

5주 1일
정답 확인

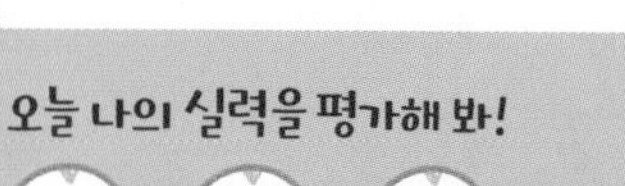

오늘 나의 실력을 평가해 봐!

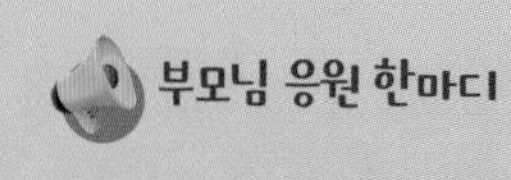
부모님 응원 한마디

① 10을 이용하여 모으기와 가르기

● 10을 이용하여 7과 8을 모으기와 가르기 해 볼까요?

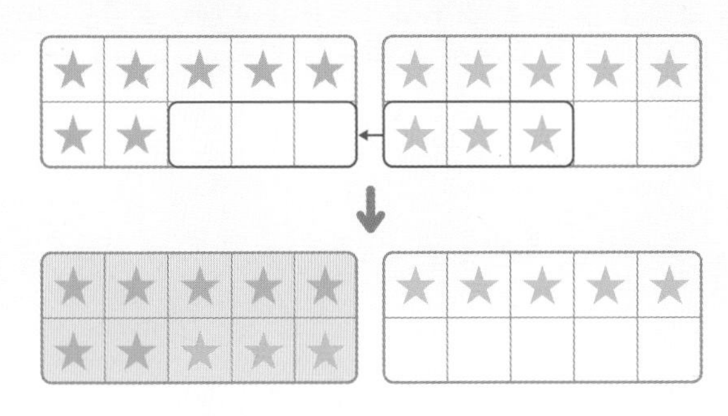

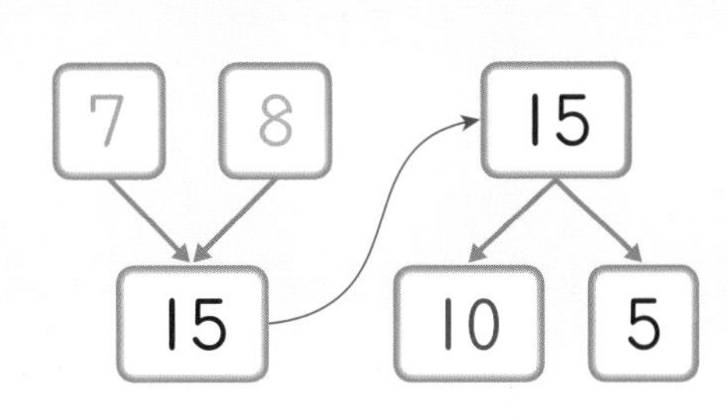

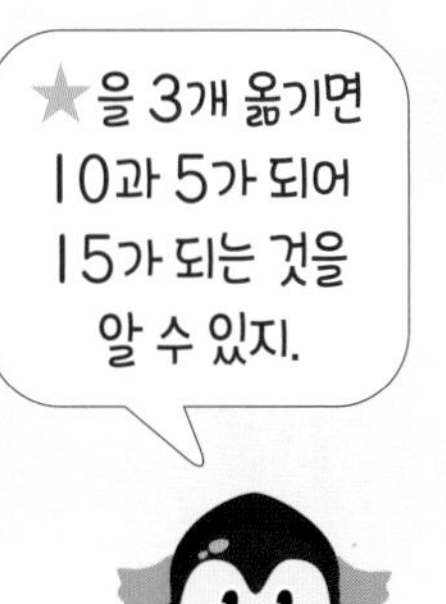

1~3 그림을 보고 10을 이용하여 모으기와 가르기를 해 보세요.

1

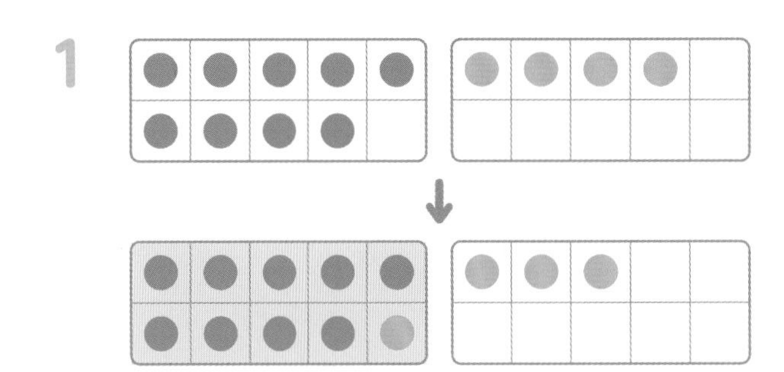

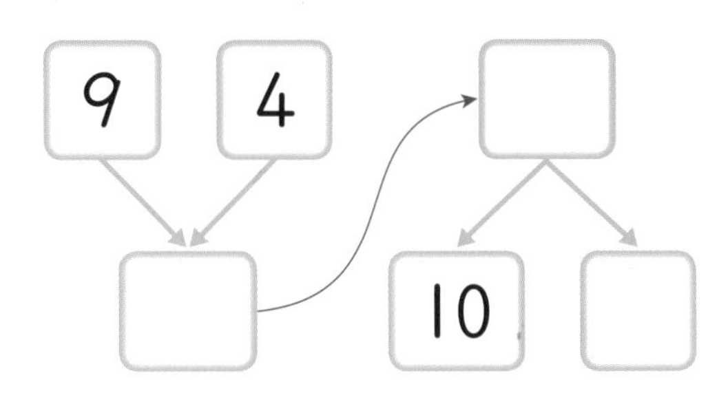

2

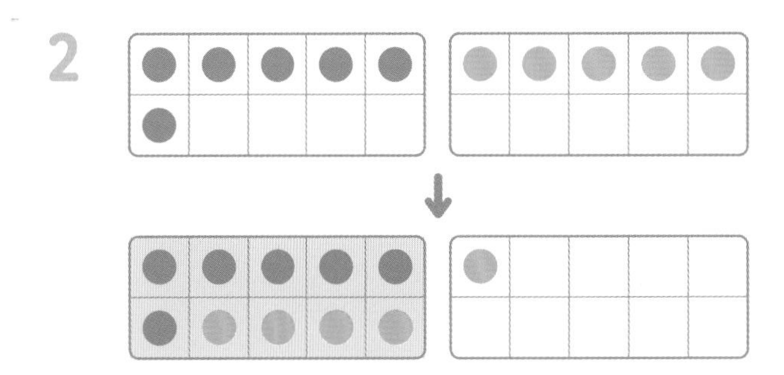

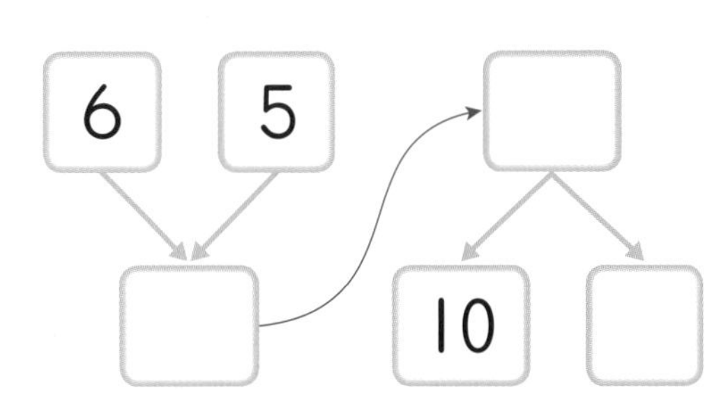

3

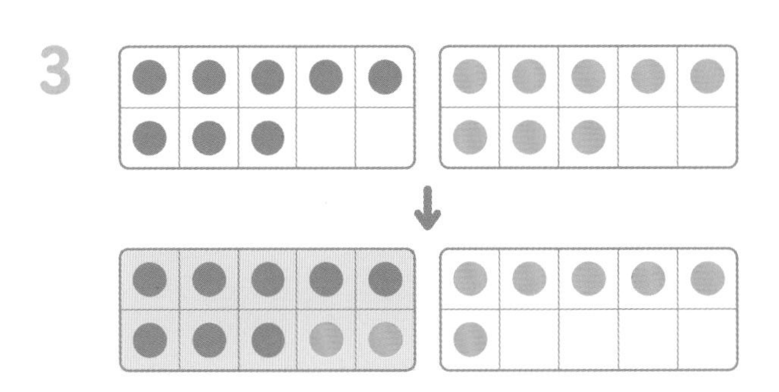

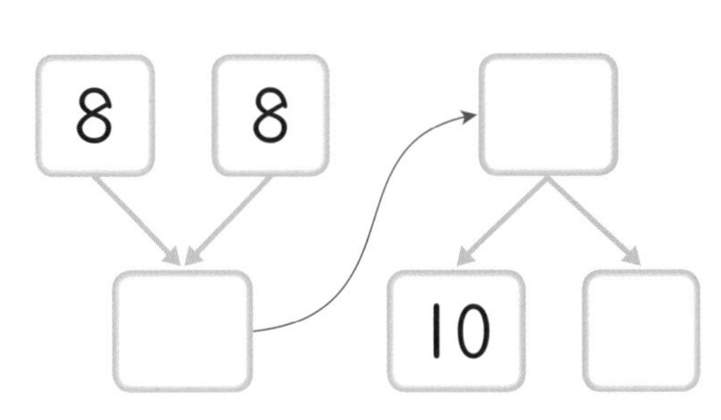

4~13 10을 이용하여 모으기와 가르기를 해 보세요.

4

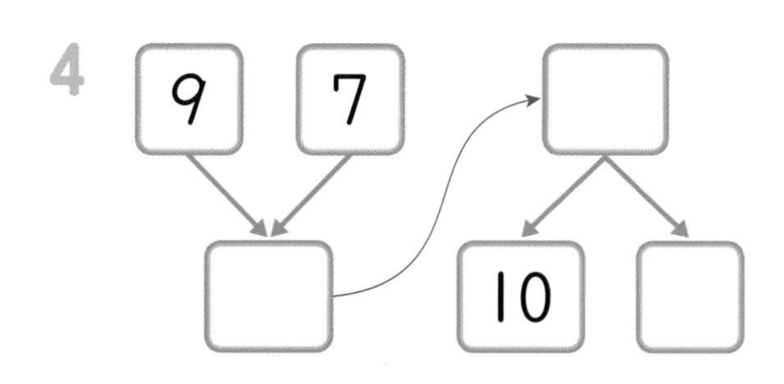

5

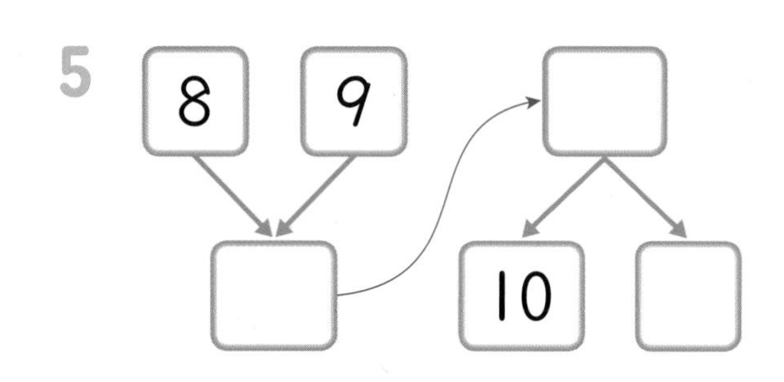

6

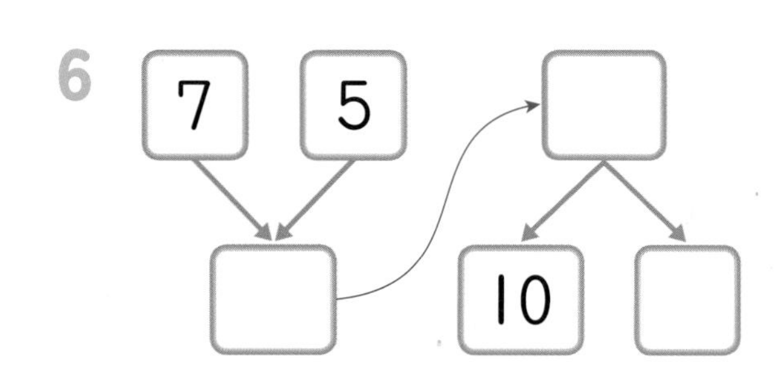

7

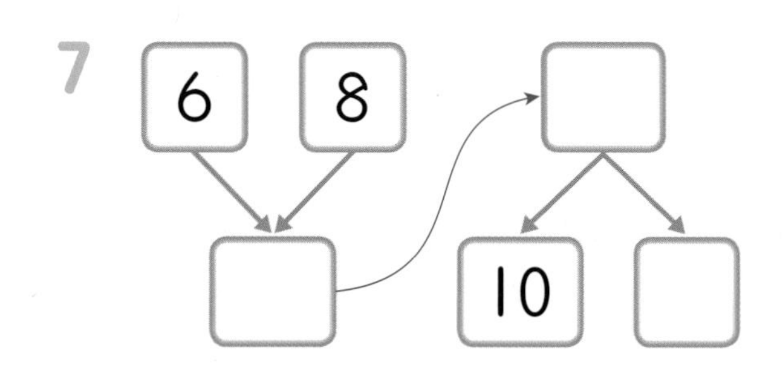

8

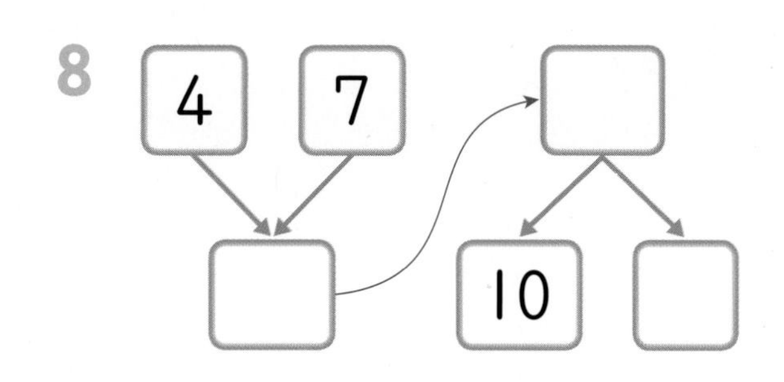

9

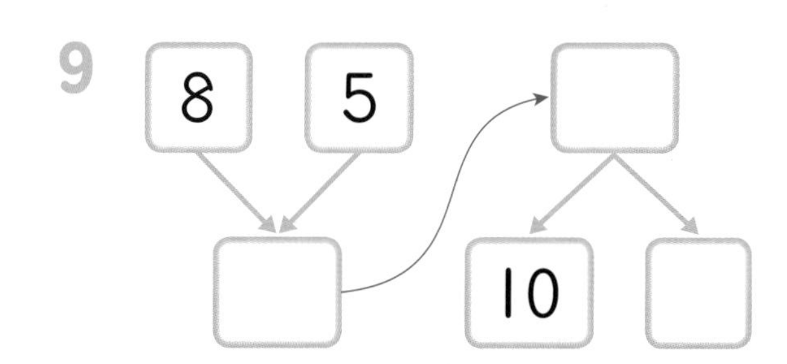

10

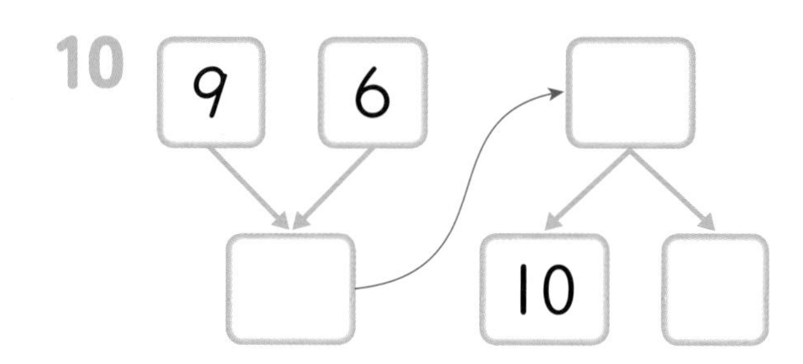

11

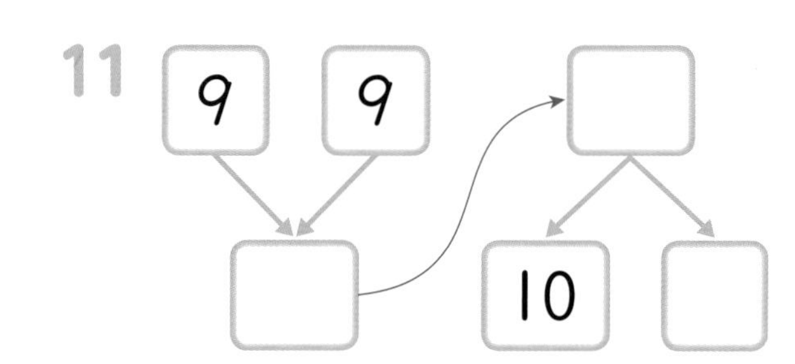

12

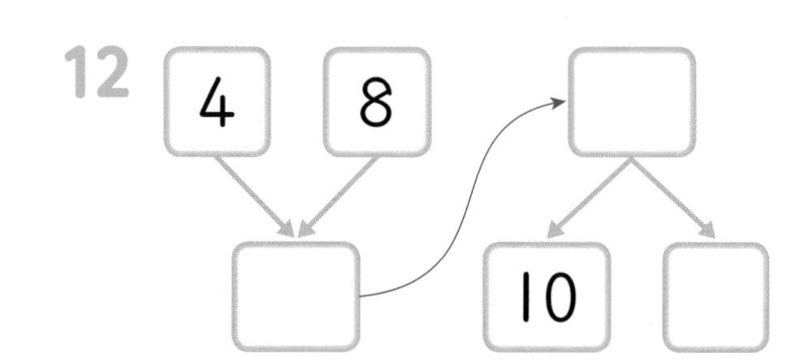

13

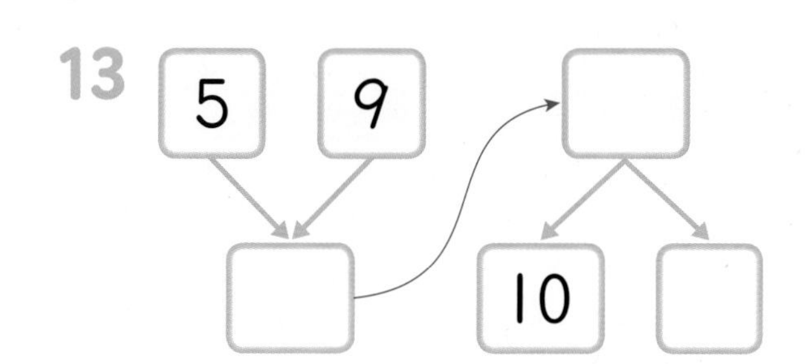

14~19 10을 이용하여 모으기와 가르기를 해 보세요.

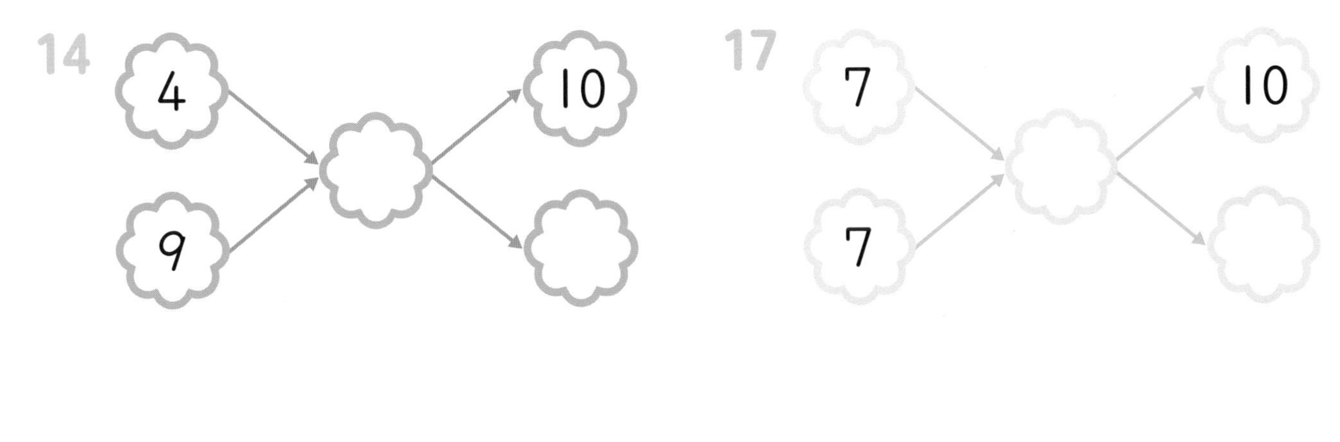

떡을 상자 한 칸에 한 개씩 담으면 남는 떡은 몇 개인가요?

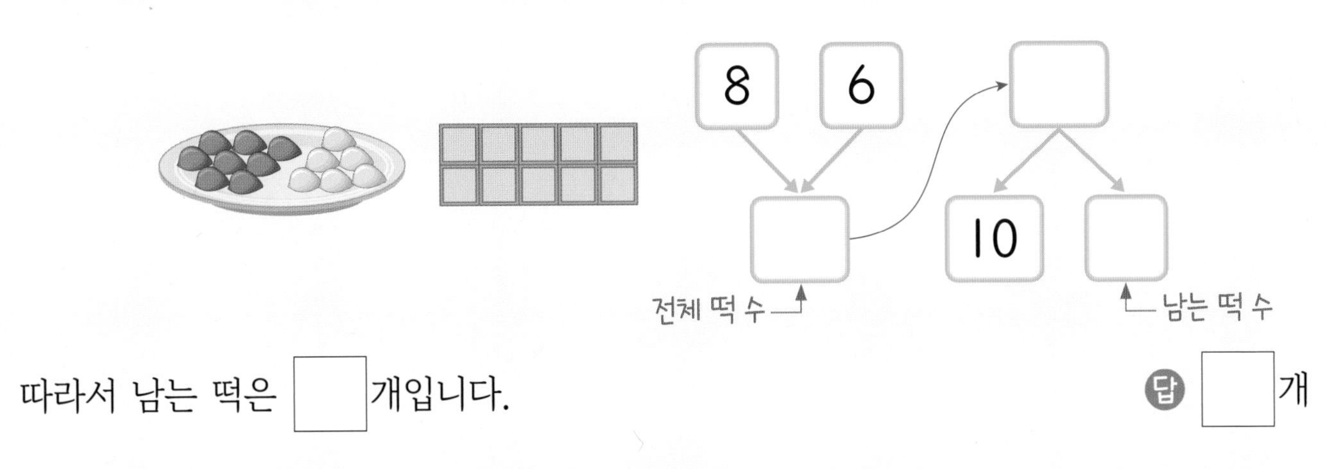

따라서 남는 떡은 ☐ 개입니다.

답 ☐ 개

선물을 보낸 사람 찾기

명수네 집에 선물이 왔습니다. 보기의 빈칸에 들어갈 수를 오른쪽에서 찾아 색칠하면 글자가 나타납니다. 나타나는 글자를 ①, ②의 순서로 써서 선물을 보낸 사람을 찾아보세요.

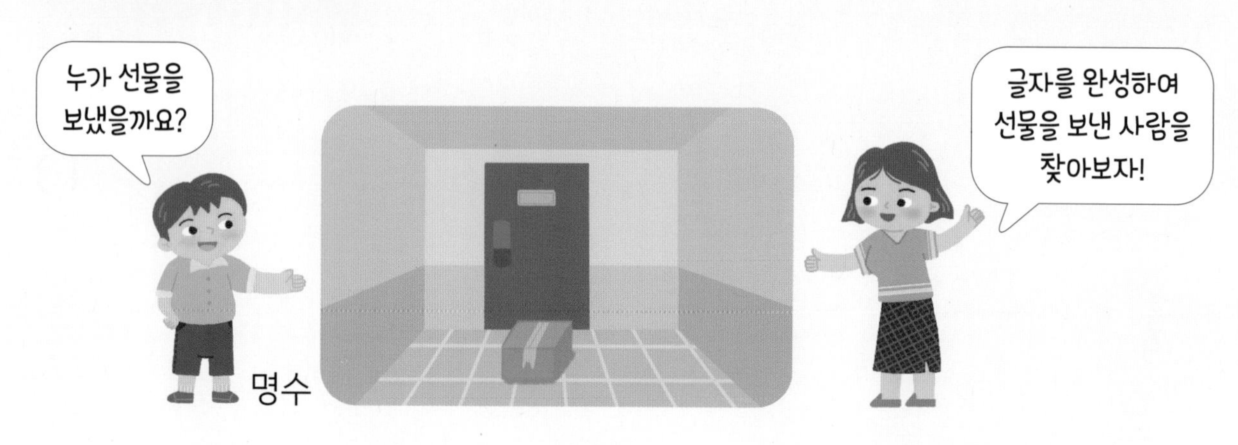

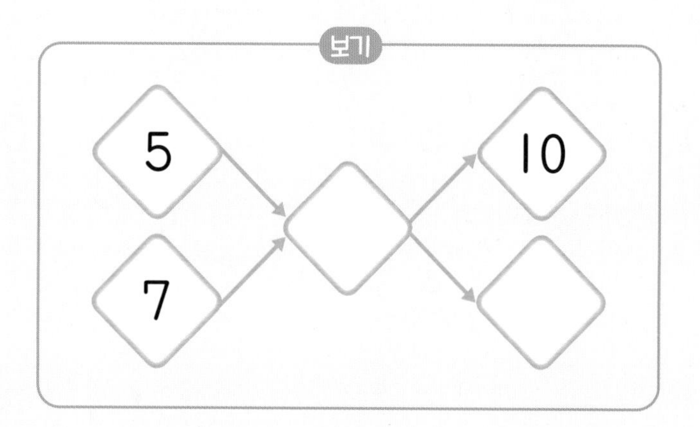

①

9	16	13
11	8	12
4	15	3
14	18	7
2	10	5

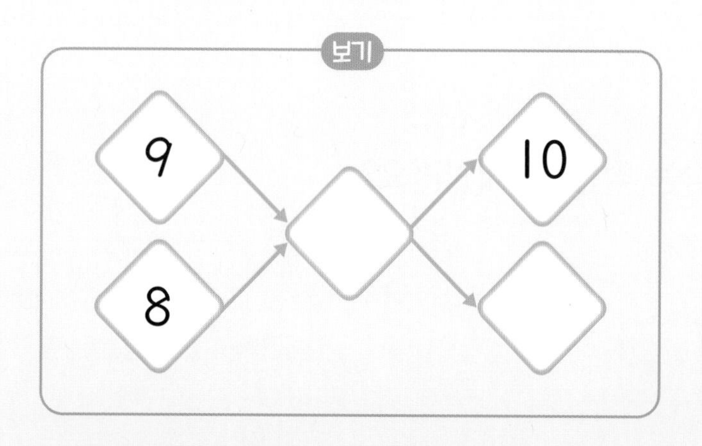

②

2	7	5
11	13	9
15	4	14
8	17	18
6	16	3

오늘 나의 실력을 평가해 봐!

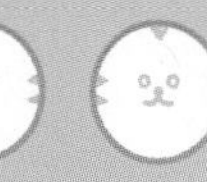

부모님 응원 한마디

② (몇)+(몇)=(십몇)(1)

● 8+5를 계산해 볼까요?

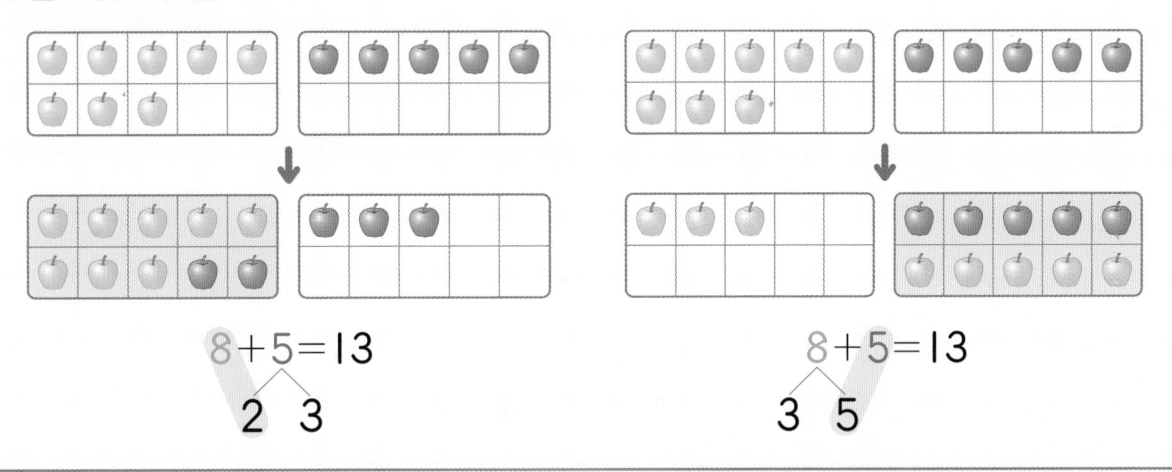

$8+5=13$, 5를 2와 3으로 가르기

$8+5=13$, 8을 3과 5로 가르기

뒤의 수 또는 앞의 수를 가르기 하여 10을 만든 후 계산합니다.

1~2 그림을 보고 □ 안에 알맞은 수를 써넣으세요.

1

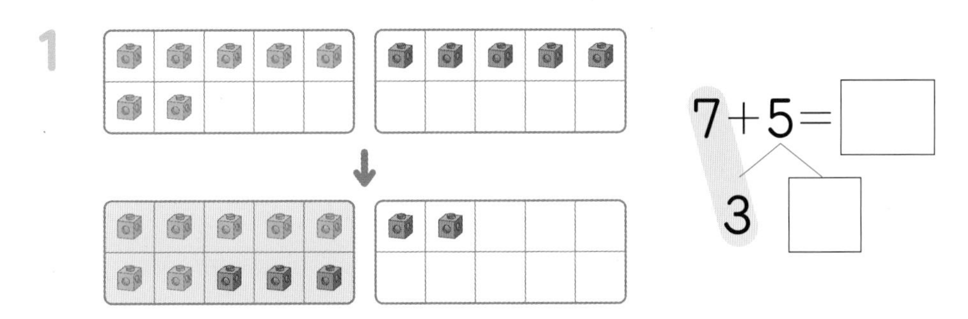

$7+5=$ □

5를 3과 □로 가르기

2

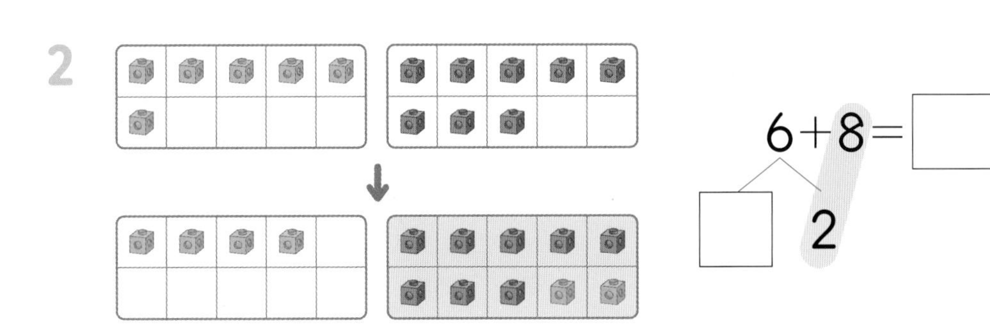

$6+8=$ □

6을 □와 2로 가르기

3~23 계산을 하세요.

3 $4+7$

4 $8+4$

5 $9+6$

6 $5+7$

7 $8+9$

8 $7+7$

9 $9+3$

10 $4+8$

11 $8+6$

12 $5+8$

13 $8+3$

14 $6+9$

15 $9+4$

16 $5+6$

17 $8+8$

18 $7+6$

19 $9+5$

20 $7+9$

21 $6+6$

22 $2+9$

23 $8+7$

24~28 빈칸에 알맞은 수를 써넣으세요.

24

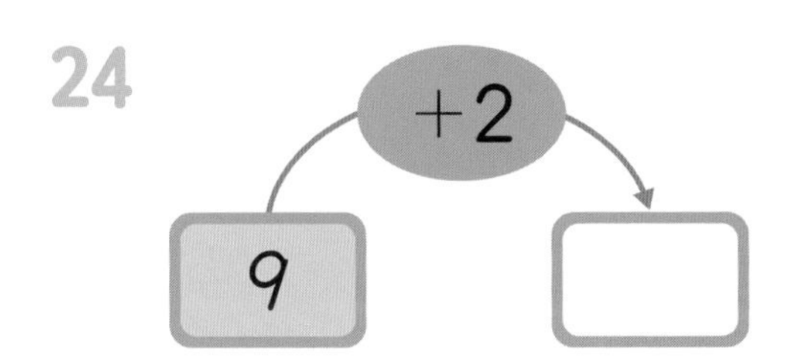

25

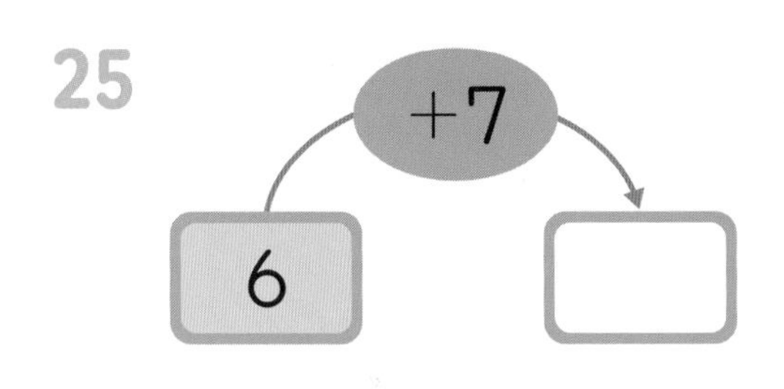

26

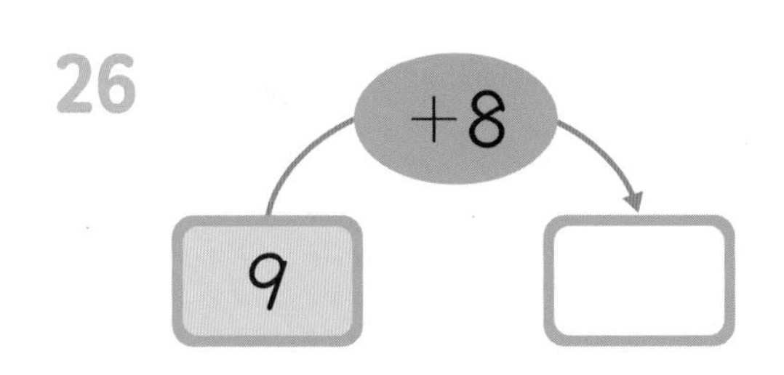

27

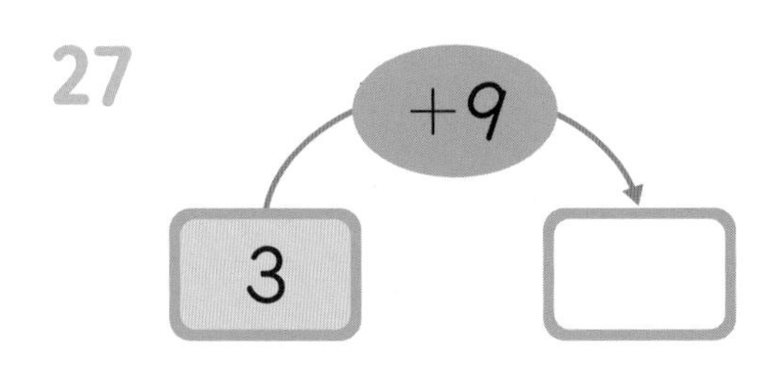

28

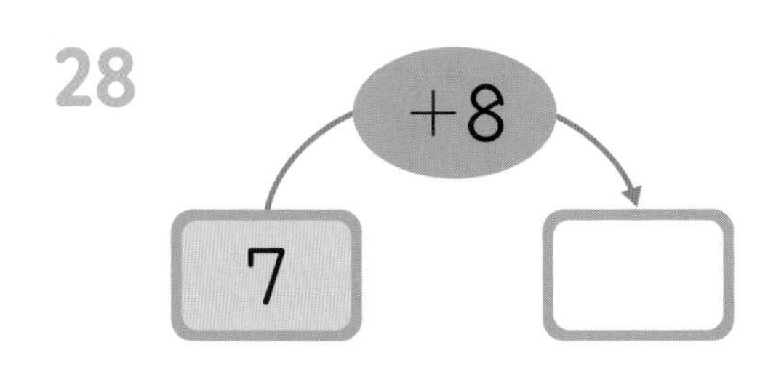

29~33 빈칸에 두 수의 합을 써넣으세요.

29

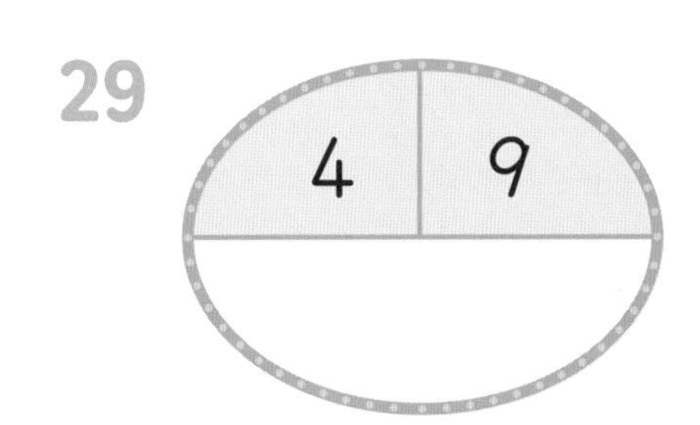

30

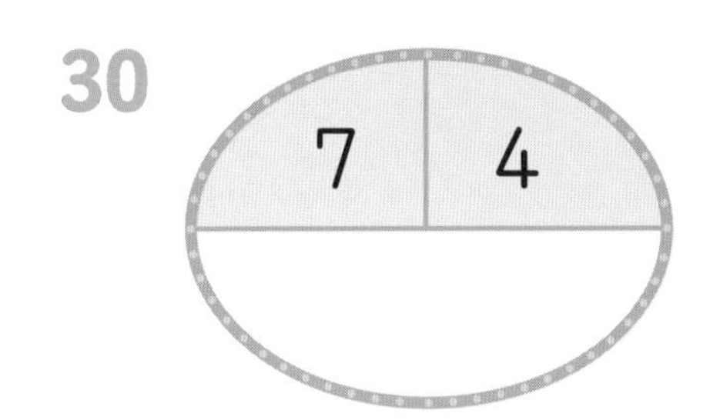

31

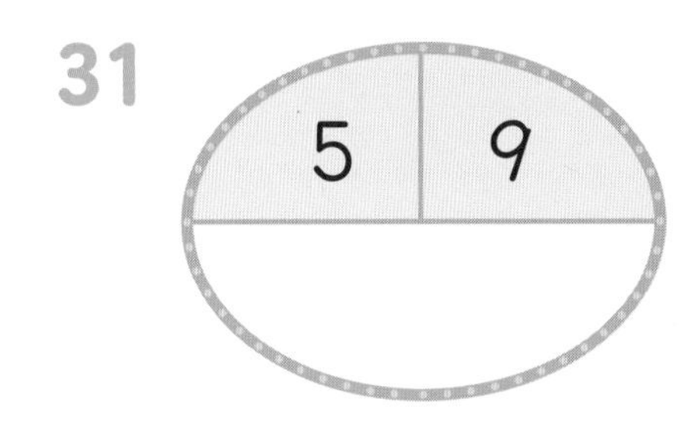

32

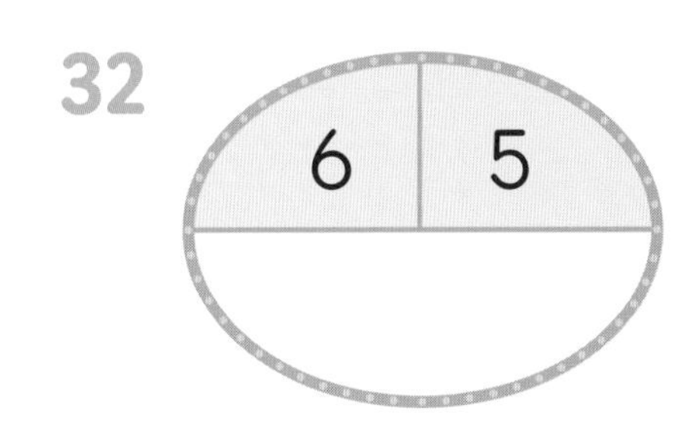

33

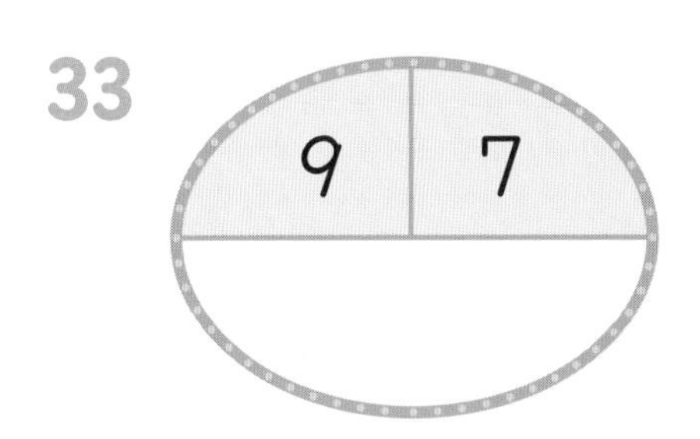

알맞은 길을 따라가 볼까요?

주어진 식을 계산하려고 합니다. 알맞은 길을 따라 선을 긋고, □ 안에 계산 결과를 써넣으세요.

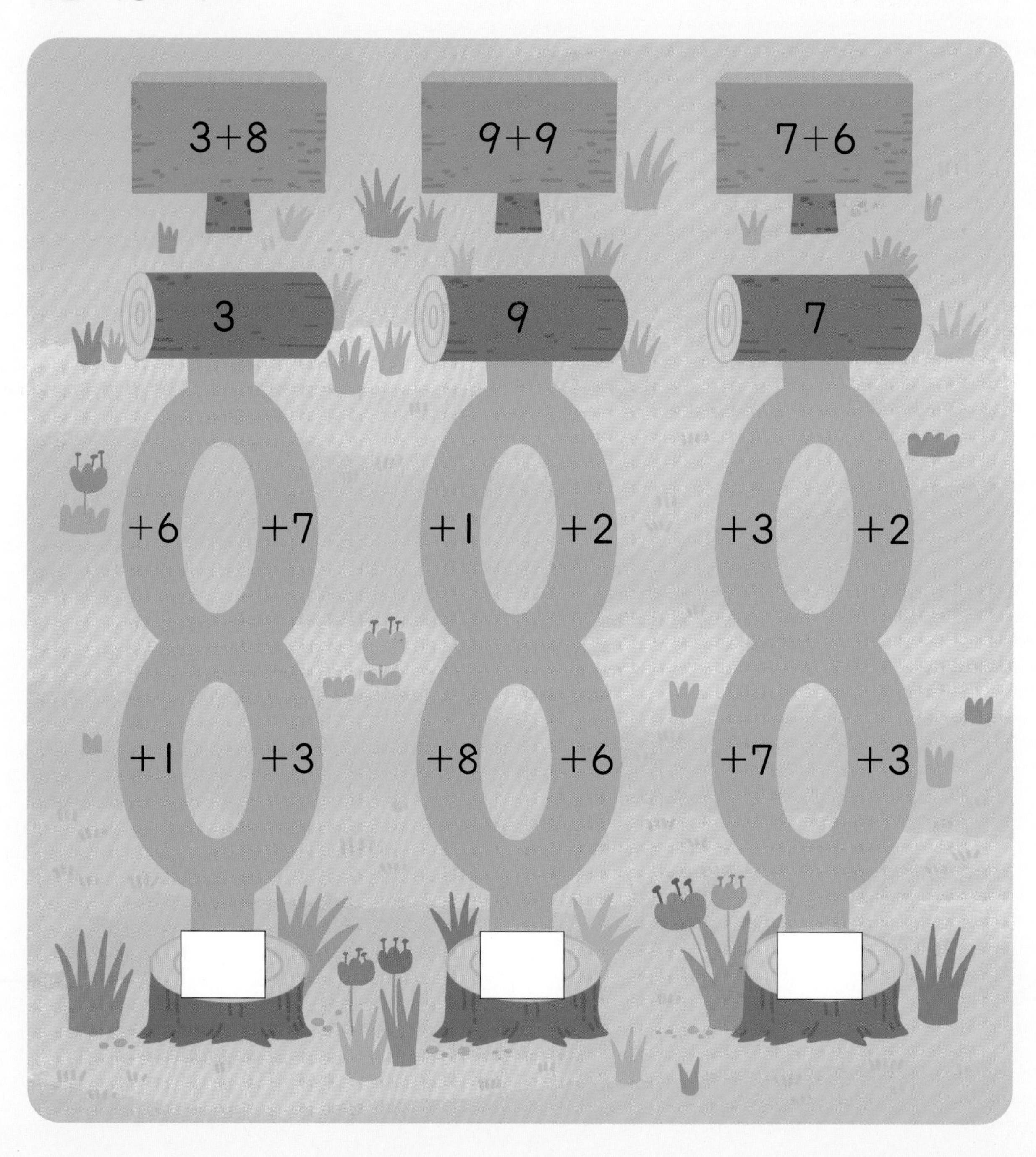

5주 3일
정답 확인

오늘 나의 실력을 평가해 봐!

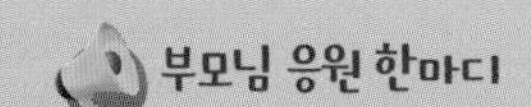

부모님 응원 한마디

③ (몇)+(몇)=(십몇)(2)

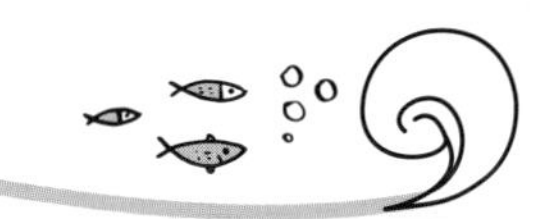

● 9+4, 5+7을 계산해 볼까요?

뒤의 수를 가르기 하기	앞의 수를 가르기 하기
앞의 수가 10이 되도록 뒤의 수를 가르기 하여 더합니다. 9+4=13 1 3	뒤의 수가 10이 되도록 앞의 수를 가르기 하여 더합니다. 5+7=12 2 3

두 수 중에서
작은 수를 가르기 하여
계산하면 편리해.

1~6 □ 안에 알맞은 수를 써넣으세요.

1 7+6=□
□ 3

4 4+8=□
2 □

2 9+7=□
□ 6

5 2+9=□
1 □

3 8+3=□
□ 1

6 6+9=□
5 □

7~27 계산을 하세요.

7 $3+9$

8 $9+6$

9 $5+8$

10 $6+5$

11 $4+9$

12 $9+8$

13 $8+7$

14 $6+7$

15 $7+5$

16 $5+9$

17 $8+8$

18 $5+6$

19 $9+9$

20 $8+4$

21 $9+3$

22 $8+9$

23 $4+7$

24 $8+5$

25 $6+8$

26 $9+2$

27 $7+8$

28~33 옆으로 덧셈식이 되는 세 수를 모두 찾아 □+□=□표 하세요.

28

7	+ 9	= 16	8	4
2	8	6	12	5
5	3	7	4	11
7	7	14	6	9

31

9	8	17	3	9
5	4	8	7	10
6	3	2	9	11
7	5	8	5	12

29

8	2	13	5	6
7	5	12	6	3
1	8	10	5	4
11	8	6	14	9

32

1	5	3	6	2
12	7	8	15	7
8	3	10	7	4
7	6	5	9	14

30

2	9	5	14	7
3	8	11	7	5
1	6	9	4	2
4	7	9	6	15

33

5	9	6	5	11
4	1	14	10	8
6	7	13	5	7
6	8	8	16	8

물고기 8마리가 있는 어항에 물고기 3마리를 더 넣었습니다. 어항에 있는 물고기는 모두 몇 마리인가요?

처음 물고기의 수: □마리, 더 넣은 물고기의 수: □마리

(어항에 있는 물고기의 수)=(처음 물고기의 수)+(더 넣은 물고기의 수)

=□+□=□(마리)

답 □마리

미로 찾기

두더지가 집에 가려고 합니다. 길을 찾아 선으로 이어 보세요.

오늘 나의 실력을 평가해 봐!

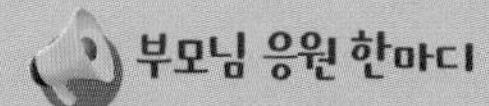

④ (십몇)－(몇)＝(몇)(1)

● 15－7을 계산해 볼까요?

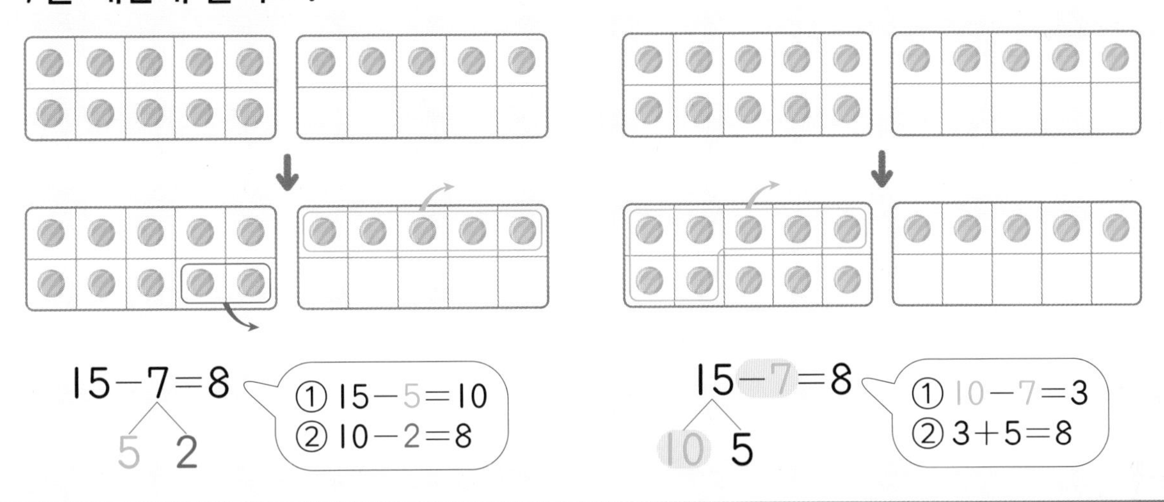

$15-7=8$ (7을 5와 2로 가르기)

① $15-5=10$
② $10-2=8$

$15-7=8$ (15를 10과 5로 가르기)

① $10-7=3$
② $3+5=8$

(몇)을 두 수로 가르기 하거나 (십몇)을 10과 (몇)으로 가르기 하여 계산합니다.

1~2 그림을 보고 □ 안에 알맞은 수를 써넣으세요.

1

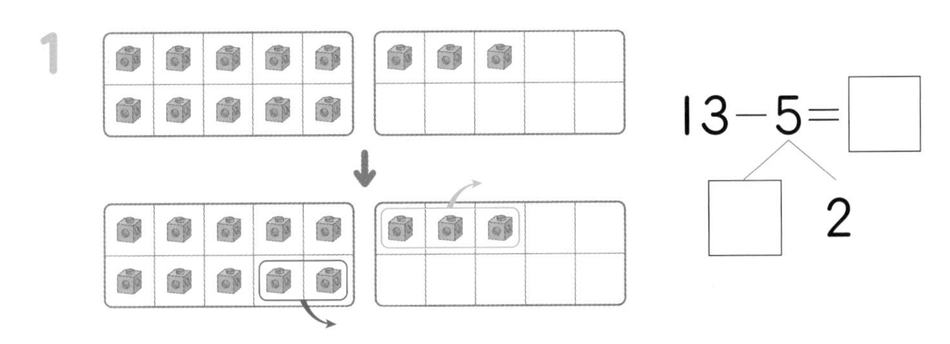

$13-5=\square$ (5를 □와 2로 가르기)

2

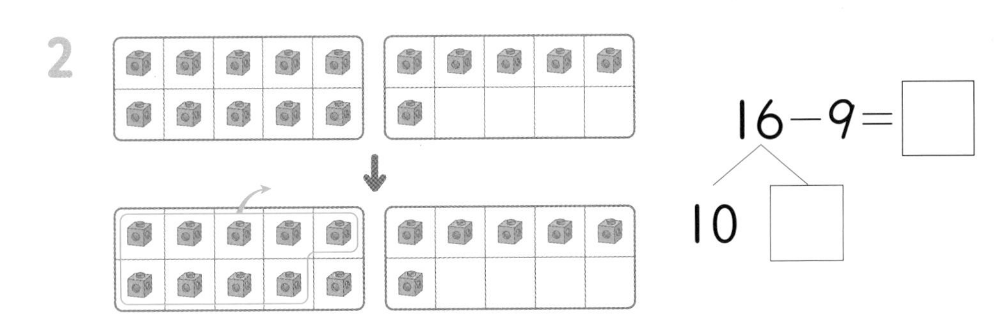

$16-9=\square$ (16을 10과 □로 가르기)

3~23 계산을 하세요.

3 $14-6$

10 $15-6$

17 $14-5$

4 $11-7$

11 $12-8$

18 $11-6$

5 $13-4$

12 $14-7$

19 $14-8$

6 $15-8$

13 $11-9$

20 $12-9$

7 $12-4$

14 $12-3$

21 $17-8$

8 $14-9$

15 $16-8$

22 $13-9$

9 $11-5$

16 $13-7$

23 $11-2$

24~28 □ 안에 알맞은 수를 써넣으세요.

24

25

13 → −8 → □

26

17 → −9 → □

27

12 → −5 → □

28

16 → −7 → □

29~33 빈칸에 두 수의 차를 써넣으세요.

29

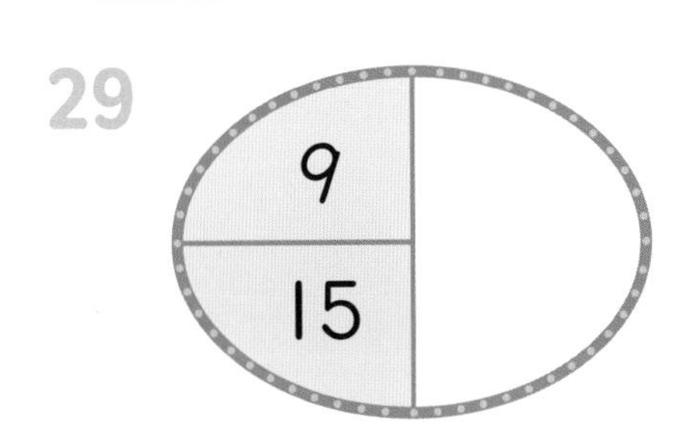

30

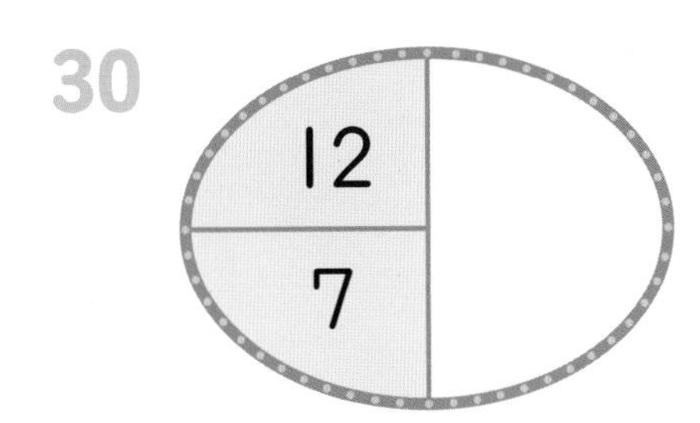

31

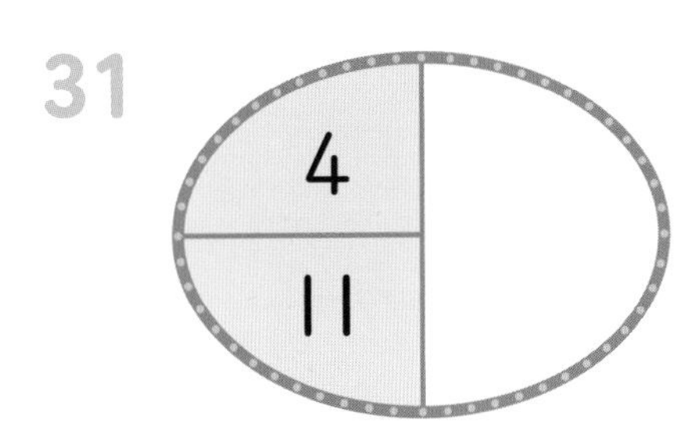

32

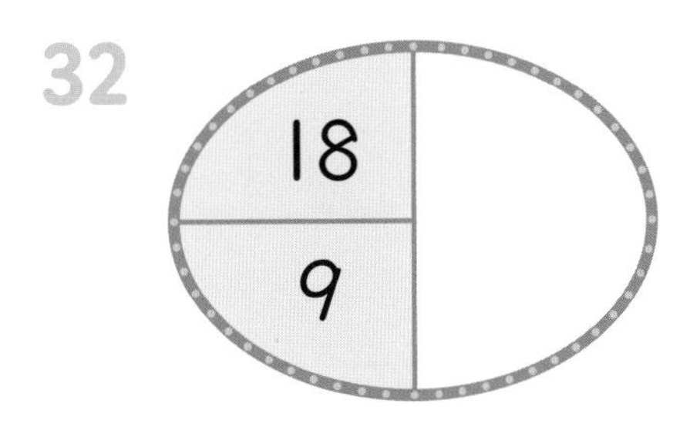

33

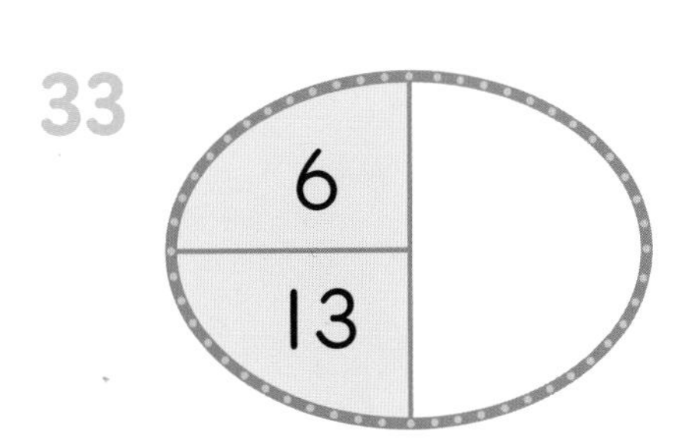

길 찾기

지민이는 친구들과 함께 축구 경기를 보러 가려고 합니다. 바르게 계산한 것을 따라가면 축구 경기장에 도착할 수 있습니다. 길을 찾아 선으로 이어 보세요.

축구 경기장에 어떻게 가야 하지?
지민
가르기를 이용하여 (십몇)－(몇)을 계산해서 길을 찾아보자!

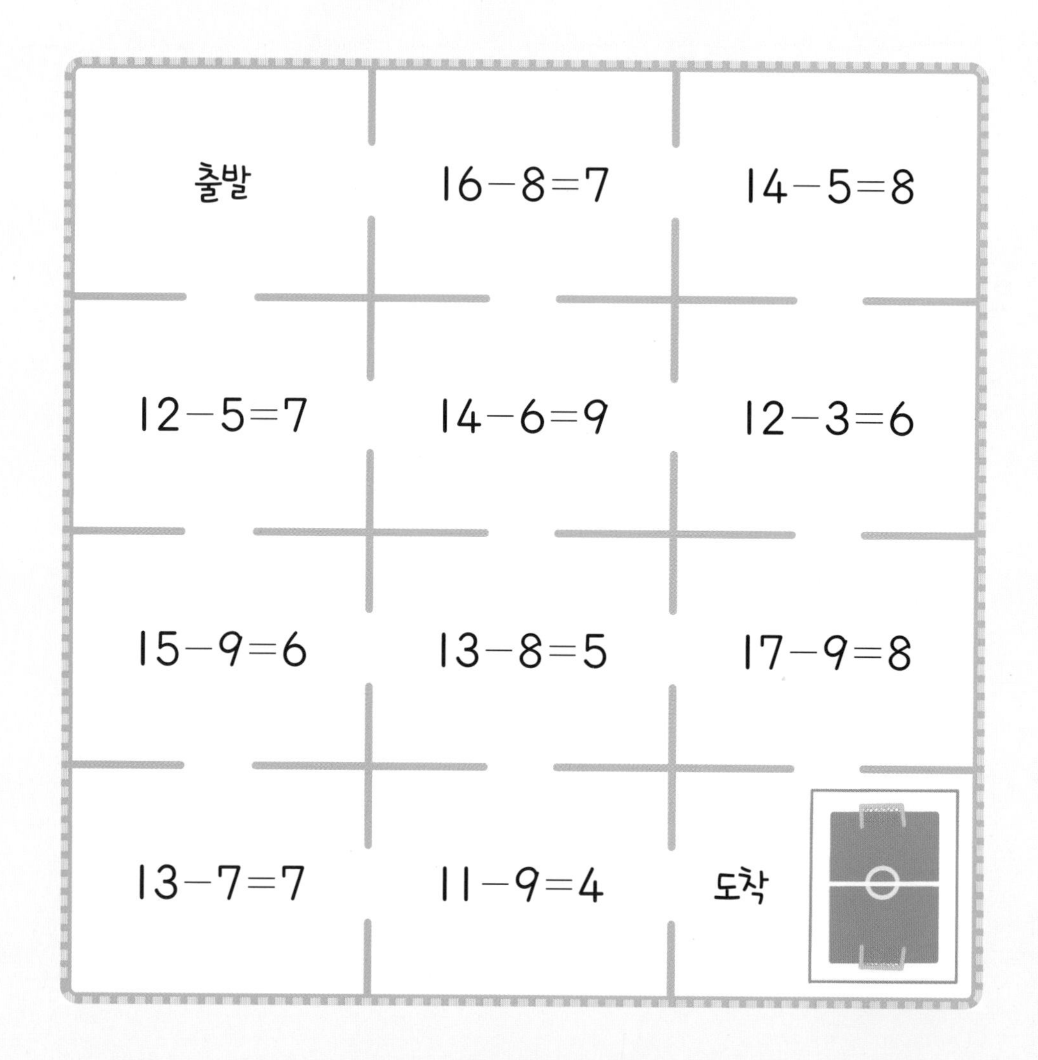

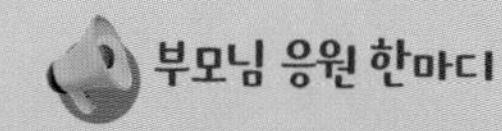
오늘 나의 실력을 평가해 봐!

부모님 응원 한마디

⑤ (십몇)−(몇)=(몇)(2)

● 13−9를 계산해 볼까요?

뒤의 수를 가르기 하기	앞의 수를 가르기 하기
앞의 수가 10이 되도록 뒤의 수를 가르기 하여 뺍니다. $13-9=4$ (9를 3과 6으로 가르기)	앞의 수를 10과 (몇)으로 가르기 한 다음 10에서 먼저 뒤의 수를 뺍니다. $13-9=4$ (13을 10과 3으로 가르기)

앞의 수를 가르기 할 때 10에서 9를 뺀 후 3을 더하는 것을 잊으면 안 돼!

1~6 □ 안에 알맞은 수를 써넣으세요.

1 $15-6=\square$ (6을 □와 1로 가르기)

2 $11-8=\square$ (8을 □와 7로 가르기)

3 $14-7=\square$ (7을 □와 3으로 가르기)

4 $12-9=\square$ (12를 10과 □로 가르기)

5 $17-9=\square$ (17을 10과 □로 가르기)

6 $13-7=\square$ (13을 10과 □로 가르기)

7~27 계산을 하세요.

7 $12-3$

8 $14-9$

9 $13-6$

10 $11-5$

11 $14-6$

12 $15-9$

13 $11-3$

14 $15-7$

15 $12-5$

16 $16-7$

17 $13-8$

18 $11-9$

19 $15-8$

20 $13-4$

21 $16-8$

22 $11-6$

23 $13-5$

24 $11-7$

25 $18-9$

26 $12-7$

27 $16-9$

28~33 옆으로 뺄셈식이 되는 세 수를 모두 찾아 □−□=□ 표 하세요.

28

11 − 3 = 8			7	5
4	14	7	7	6
2	9	8	4	2
12	8	4	9	1

29

14	6	5	2	9
3	15	7	8	4
4	9	1	6	10
16	8	8	9	12

30

2	8	13	6	7
9	3	2	7	4
11	4	7	9	1
13	17	8	9	4

31

13	5	7	4	9
4	16	9	7	8
7	1	4	9	11
3	8	12	4	8

32

11	2	9	7	4
3	6	5	18	9
2	14	9	6	8
5	4	14	8	6

33

6	2	12	6	6
3	13	8	5	9
2	4	7	9	2
15	6	9	13	5

버스에 14명이 타고 있었습니다. 정류장에서 5명이 내렸다면 버스에 남은 사람은 몇 명인가요?

버스에 있던 사람 수: □명, 내린 사람 수: □명

(버스에 남은 사람 수)=(버스에 있던 사람 수)−(내린 사람 수)

=□−□=□(명)

 □명

다른 그림 찾기

아래 그림에서 위 그림과 다른 부분 5군데를 모두 찾아 ○표 하세요.

오늘 나의 실력을 평가해 봐!

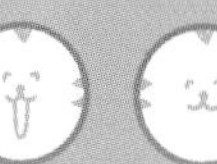

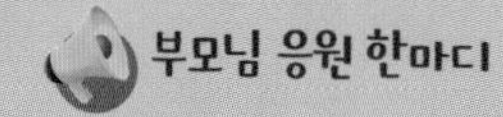

⑥ 계산 결과의 크기 비교

● 계산 결과의 크기를 비교해 볼까요?

덧셈의 크기 비교	뺄셈의 크기 비교
7+9 ⃝> 8+7	12−5 ⃝< 11−3
7+9=16, 8+7=15 (9 → 1, 8; 7 → 2, 5 가르기: 6 1 / 2 5)	12−5=7, 11−3=8 (2 3 / 1 2)
➡ 16>15	➡ 7<8

두 수의 덧셈 또는
뺄셈을 한 후
계산 결과의 크기를
비교하면 돼!

1~6 □ 안에 알맞은 수를 써넣고 계산 결과가 더 큰 것에 ○표 하세요.

1
- 6+9=□ ○
- 5+8=□ ○

2
- 9+4=□ ○
- 5+9=□ ○

3
- 6+8=□ ○
- 9+7=□ ○

4
- 12−4=□ ○
- 14−9=□ ○

5
- 13−6=□ ○
- 15−9=□ ○

6
- 11−7=□ ○
- 12−6=□ ○

7~20 계산 결과의 크기를 비교하여 ○ 안에 >, =, <를 알맞게 써넣으세요.

7 $9+5$ ○ $8+8$

14 $11-4$ ○ $13-8$

8 $6+9$ ○ $9+4$

15 $12-4$ ○ $11-5$

9 $8+5$ ○ $6+7$

16 $14-8$ ○ $16-9$

10 $3+8$ ○ $7+5$

17 $11-3$ ○ $15-6$

11 $7+7$ ○ $8+4$

18 $13-5$ ○ $15-9$

12 $8+5$ ○ $6+8$

19 $17-8$ ○ $14-5$

13 $3+9$ ○ $5+6$

20 $14-6$ ○ $16-7$

21~24 계산 결과가 가장 큰 것을 찾아 색칠하세요.

21

6+5	3+9	5+8

22

15−6	14−7	13−5

23

9+8	8+8	9+6

24

13−9	18−9	14−6

25~28 계산 결과가 가장 작은 것을 찾아 색칠하세요.

25

12−8	14−9	15−8

26

6+7	6+6	9+2

27

16−8	13−7	12−5

28

7+7	9+6	5+7

유미와 찬호 중에서 바둑돌을 더 많이 가지고 있는 친구는 누구인가요?

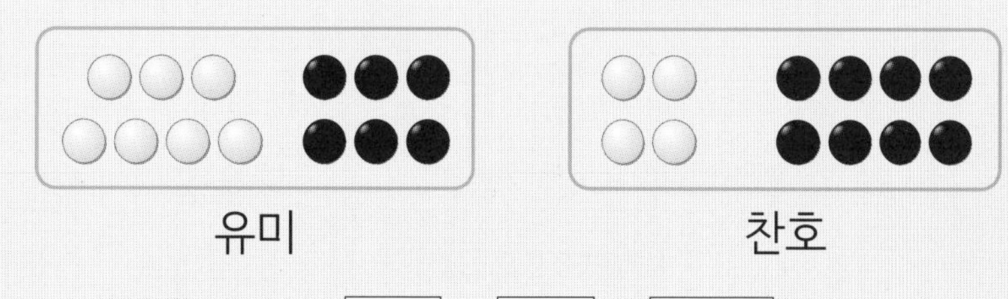

(유미가 가지고 있는 바둑돌 수)=□+□=□(개)

(찬호가 가지고 있는 바둑돌 수)=□+□=□(개)

따라서 □ > □ 이므로 바둑돌을 더 많이 가지고 있는 친구는 □입니다.

가지고 있는 바둑돌 수 비교하기

답 □

공에 적힌 수를 알아볼까요?

상자 안에서 꺼낸 공에 적힌 두 수의 합이 더 크면 이기는 놀이를 하고 있습니다. 누리와 광수 중에는 광수가, 기현이와 은미 중에는 은미가 이기려면 광수와 은미는 어떤 수가 적힌 공을 꺼내면 되는지 각각 구해 보세요.

부모님 응원 한마디

교과서 덧셈구구와 뺄셈구구

마무리 연산

1~2 그림을 보고 □ 안에 알맞은 수를 써넣으세요.

1

$11-5=\square$

2

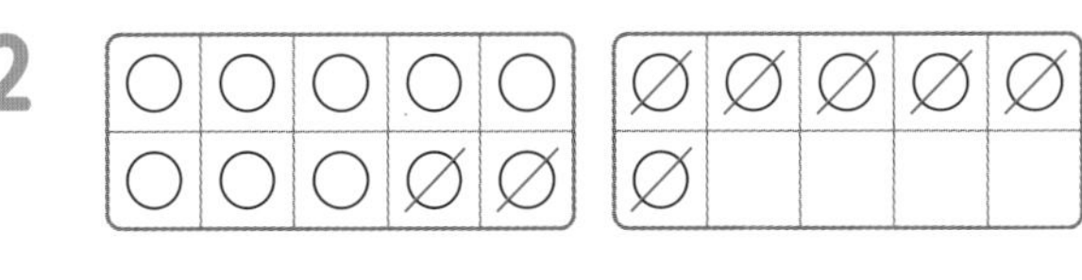

$16-8=\square$

3~8 계산을 하세요.

3 $9+5$

4 $3+8$

5 $8+7$

6 $13-7$

7 $12-4$

8 $15-6$

9~14 계산 결과의 크기를 비교하여 ○ 안에 $>$, $=$, $<$를 알맞게 써넣으세요.

9 $7+5$ ○ $8+6$

10 $5+9$ ○ $9+4$

11 $4+8$ ○ $6+7$

12 $14-7$ ○ $11-6$

13 $12-6$ ○ $15-9$

14 $13-8$ ○ $14-6$

15~16 10을 이용하여 모으기와 가르기를 해 보세요.

15

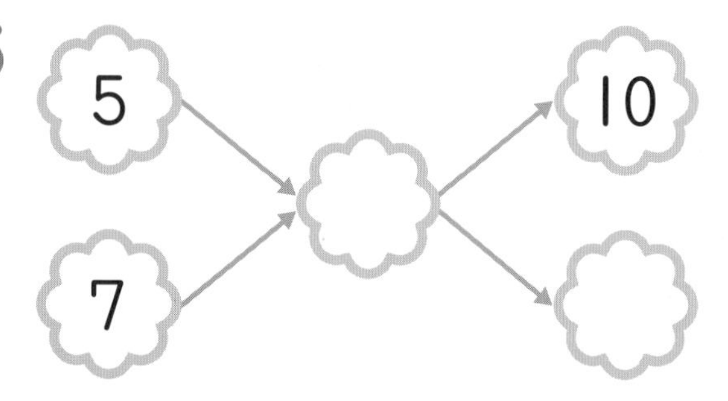

16

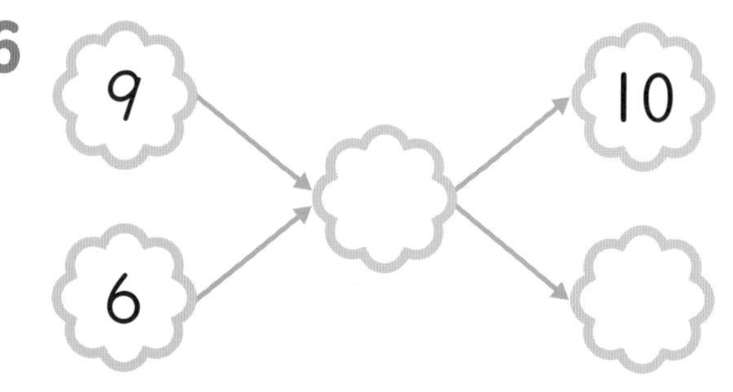

17~20 □ 안에 알맞은 수를 써넣으세요.

17

19

12 → −8 → □

18

6 → +9 → □

20

16 → −7 → □

21~24 빈칸에 알맞은 수를 써넣으세요.

21

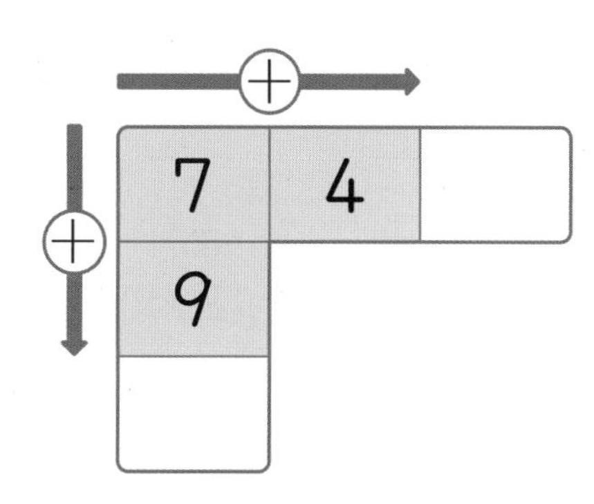

23

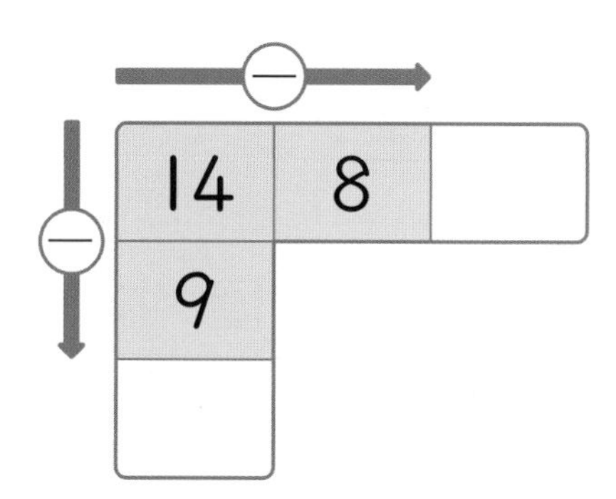

22

+ →		
9	3	
8		

24

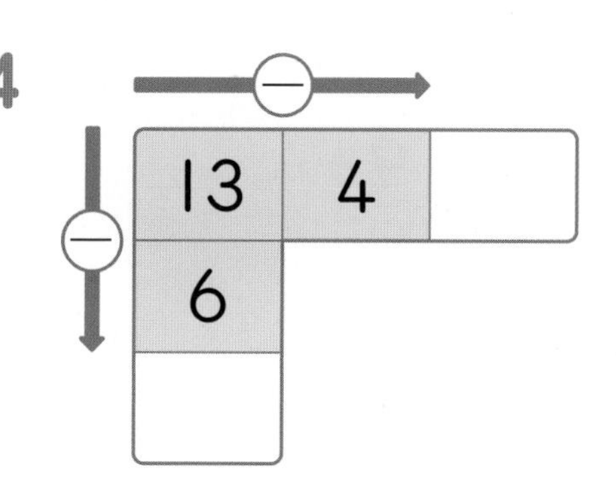

25 8+9를 2가지 방법으로 계산해 보세요.

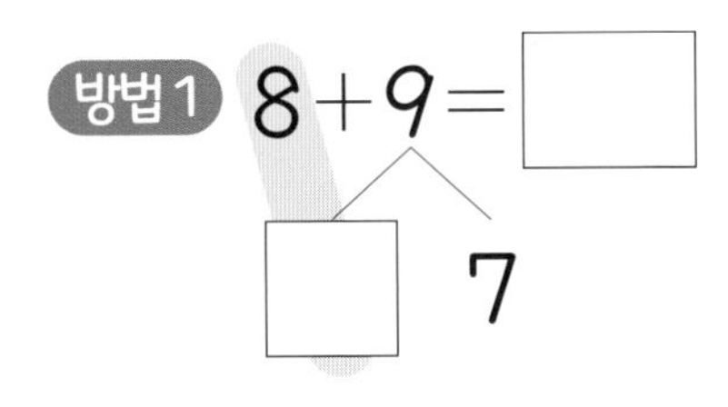

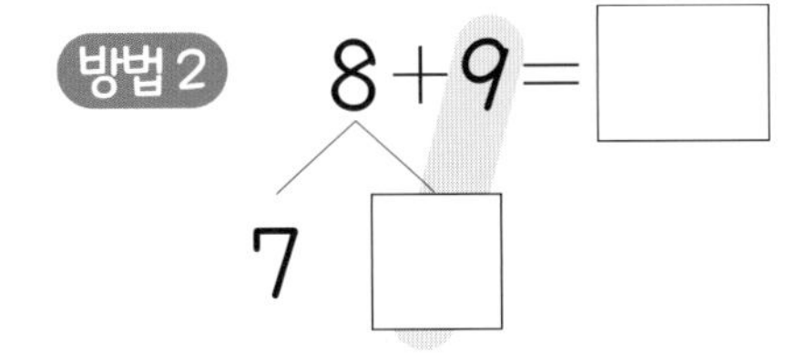

26 바르게 계산한 것의 기호를 쓰세요.

㉠ 7+8=14	㉡ 13−9=4

(　　　　　　　)

27 계산 결과가 13인 것을 모두 찾아 색칠하세요.

5+8	7+7	7+6	8+4

28 가장 큰 수와 가장 작은 수의 차를 구해 보세요.

(　　　　　　　)

29~32 알맞은 식을 쓰고, 답을 구해 보세요.

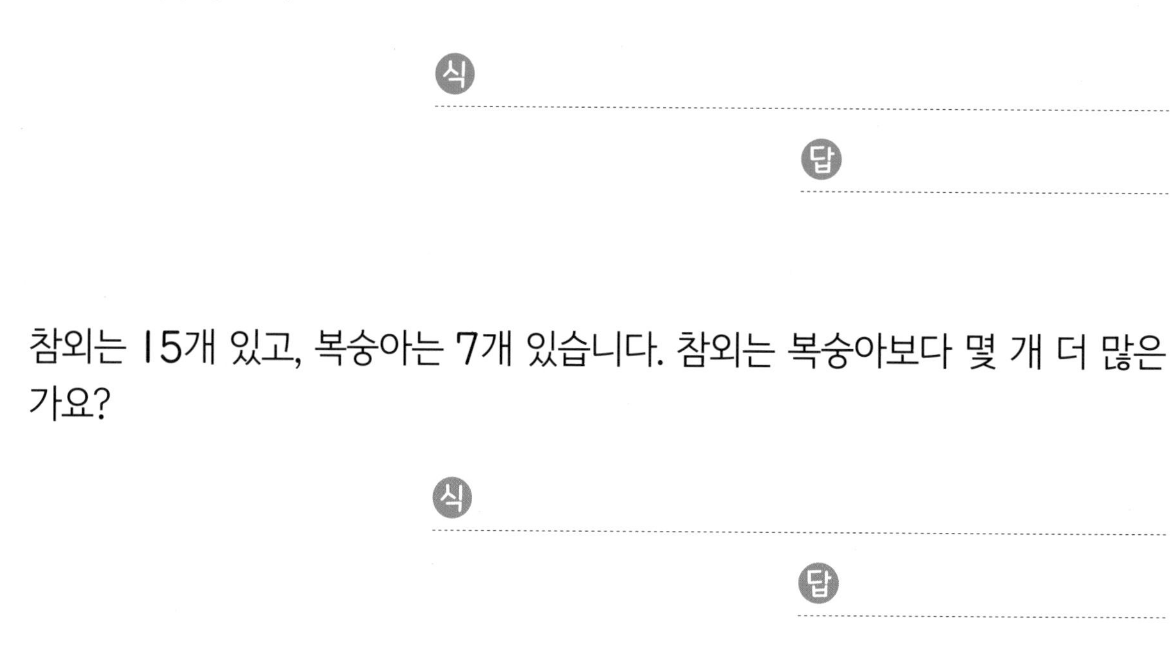

29 수영장에 어린이가 6명 있었는데 8명이 더 왔습니다. 수영장에 있는 어린이는 모두 몇 명인가요?

식

답

30 참외는 15개 있고, 복숭아는 7개 있습니다. 참외는 복숭아보다 몇 개 더 많은가요?

식

답

31 혜리네 반에서 안경을 낀 남학생은 5명이고, 안경을 낀 여학생은 6명입니다. 혜리네 반에서 안경을 낀 학생은 모두 몇 명인가요?

식

답

32 지수네 반 반장 선거에서 지수는 16표, 경훈이는 9표를 얻었습니다. 지수는 경훈이보다 몇 표를 더 많이 얻은 것인가요?

식

답

① 받아올림이 없는 (두 자리 수)+(한 자리 수)(1)

● 32+3을 계산해 볼까요?

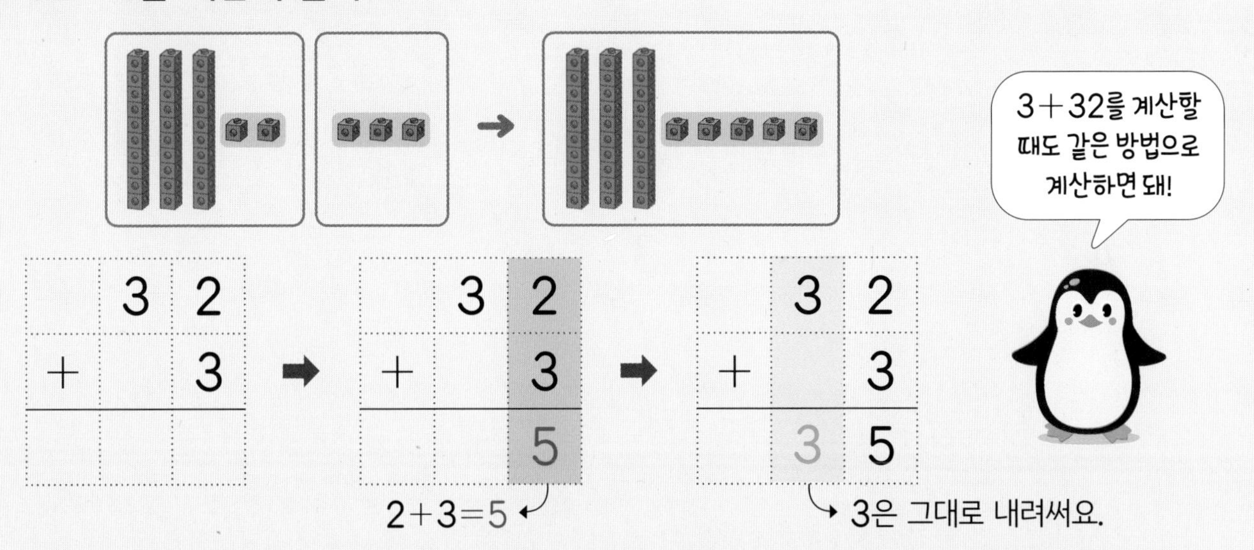

3+32를 계산할 때도 같은 방법으로 계산하면 돼!

낱개의 수끼리 더하고, 10개씩 묶음의 수는 그대로 내려씁니다.

1~6 덧셈을 하세요.

1

	1	5
+		4

2

	3	6
+		2

3

	5	0
+		7

4

	4	1
+		5

5

		3
+	2	1

6

		6
+	7	0

7~28 덧셈을 하세요.

7
$$\begin{array}{r} 37 \\ +\ \ 2 \\ \hline \end{array}$$

8
$$\begin{array}{r} 20 \\ +\ \ 4 \\ \hline \end{array}$$

9
$$\begin{array}{r} 53 \\ +\ \ 5 \\ \hline \end{array}$$

10
$$\begin{array}{r} 72 \\ +\ \ 1 \\ \hline \end{array}$$

11
$$\begin{array}{r} 60 \\ +\ \ 8 \\ \hline \end{array}$$

12
$$\begin{array}{r} 51 \\ +\ \ 8 \\ \hline \end{array}$$

13
$$\begin{array}{r} 36 \\ +\ \ 3 \\ \hline \end{array}$$

14
$$\begin{array}{r} 80 \\ +\ \ 7 \\ \hline \end{array}$$

15
$$\begin{array}{r} 42 \\ +\ \ 5 \\ \hline \end{array}$$

16
$$\begin{array}{r} 22 \\ +\ \ 6 \\ \hline \end{array}$$

17
$$\begin{array}{r} 2 \\ +\ 64 \\ \hline \end{array}$$

18
$$\begin{array}{r} 5 \\ +\ 90 \\ \hline \end{array}$$

19
$$\begin{array}{r} 7 \\ +\ 51 \\ \hline \end{array}$$

20
$$\begin{array}{r} 4 \\ +\ 82 \\ \hline \end{array}$$

21
$$\begin{array}{r} 8 \\ +\ 70 \\ \hline \end{array}$$

22 13+6

23 45+3

24 80+4

25 72+5

26 1+53

27 8+30

28 7+92

29~33 빈칸에 두 수의 합을 써넣으세요.

29

27	2

30

70	3

31

64	5

32

4	52

33

6	41

약국 찾기

세진이는 약국에 가려고 합니다. 갈림길 문제의 답을 따라가면 약국에 도착할 수 있습니다. 올바른 길을 따라가 세진이가 찾는 약국의 번호를 쓰세요.

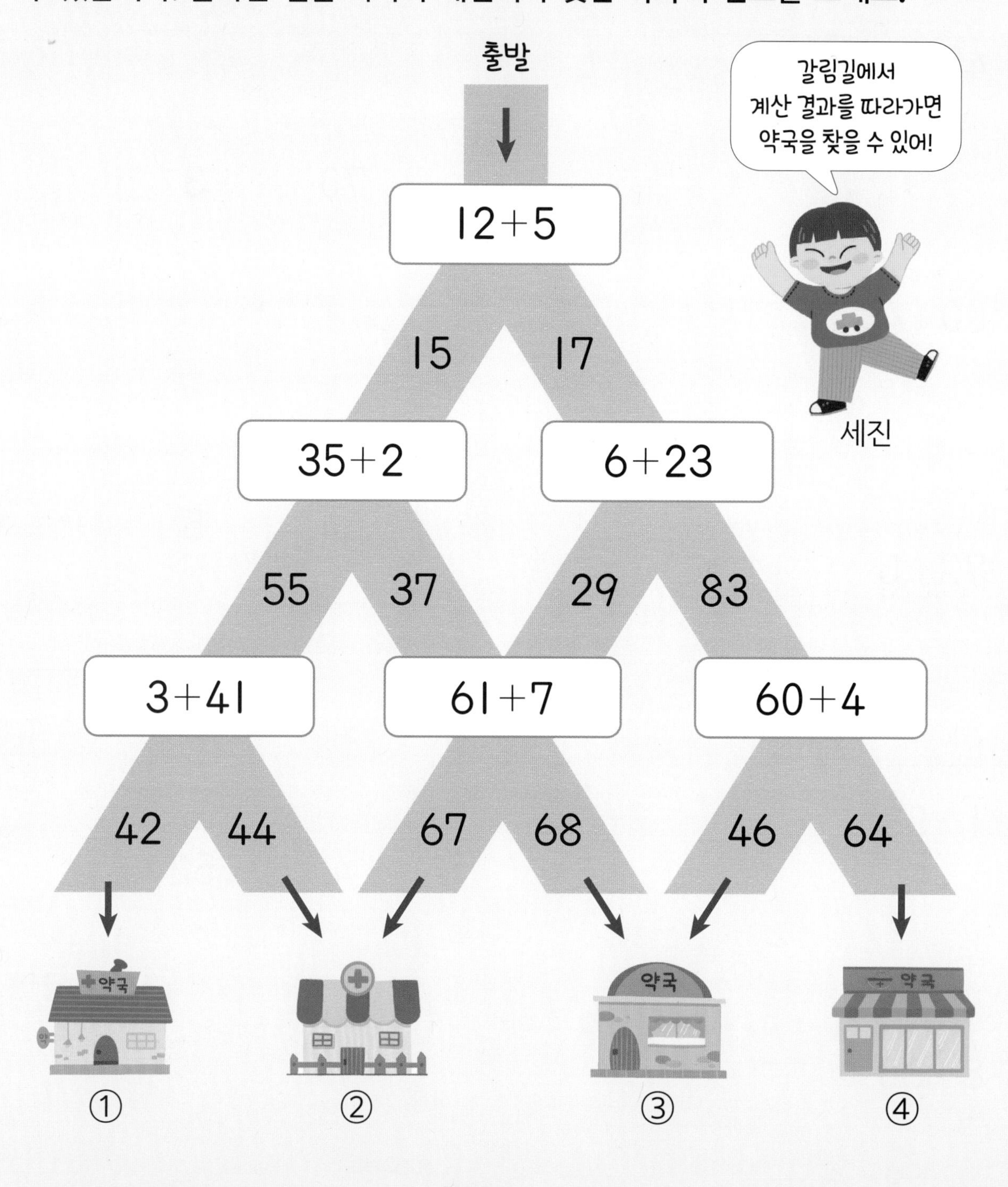

오늘 나의 실력을 평가해 봐!

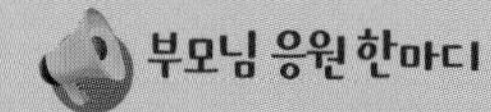

부모님 응원 한마디

교과서 덧셈과 뺄셈

② 받아올림이 없는 (두 자리 수)+(한 자리 수)(2)

● 52+6을 계산해 볼까요?

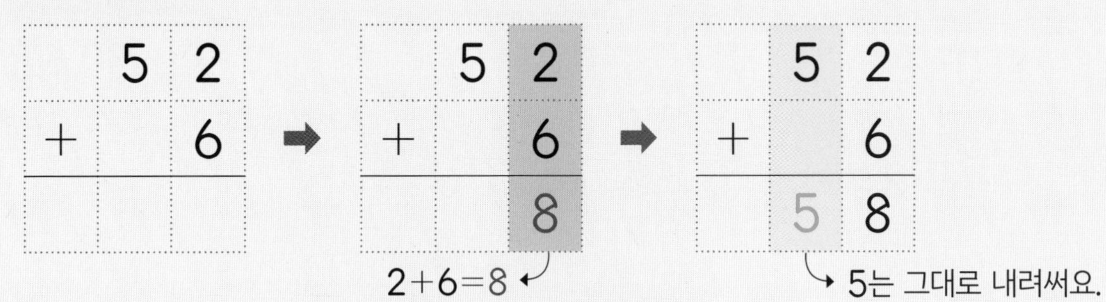

식을 세로로 나타낼 때는 같은 자리의 수끼리 맞추어 써야 돼.

그래야 낱개의 수끼리 더할 때 실수하지 않겠구나!

1~9 덧셈을 하세요.

1

	4	4
+		2

2

	2	0
+		7

3

	3	5
+		1

4

	6	0
+		3

5

	7	3
+		5

6

	5	1
+		6

7

		6
+	4	2

8

		4
+	9	4

9

		9
+	7	0

10~26 덧셈을 하세요.

10 $\begin{array}{r} 26 \\ +\ \ 2 \\ \hline \end{array}$

11 $\begin{array}{r} 72 \\ +\ \ 5 \\ \hline \end{array}$

12 $\begin{array}{r} 30 \\ +\ \ 9 \\ \hline \end{array}$

13 $\begin{array}{r} 43 \\ +\ \ 6 \\ \hline \end{array}$

14 $\begin{array}{r} 83 \\ +\ \ 3 \\ \hline \end{array}$

15 $\begin{array}{r} 4 \\ +\ 70 \\ \hline \end{array}$

16 $\begin{array}{r} 3 \\ +\ 24 \\ \hline \end{array}$

17 $\begin{array}{r} 6 \\ +\ 53 \\ \hline \end{array}$

18 $\begin{array}{r} 7 \\ +\ 60 \\ \hline \end{array}$

19 $\begin{array}{r} 5 \\ +\ 91 \\ \hline \end{array}$

20 $22+3$

21 $50+8$

22 $41+4$

23 $84+2$

24 $5+14$

25 $6+40$

26 $8+71$

27~33 빈칸에 알맞은 수를 써넣으세요.

27

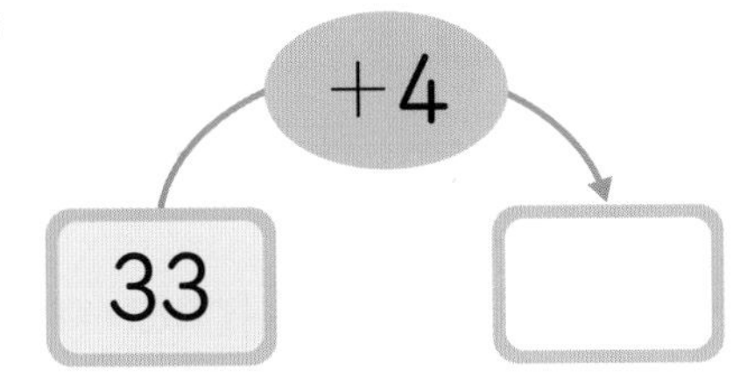

28

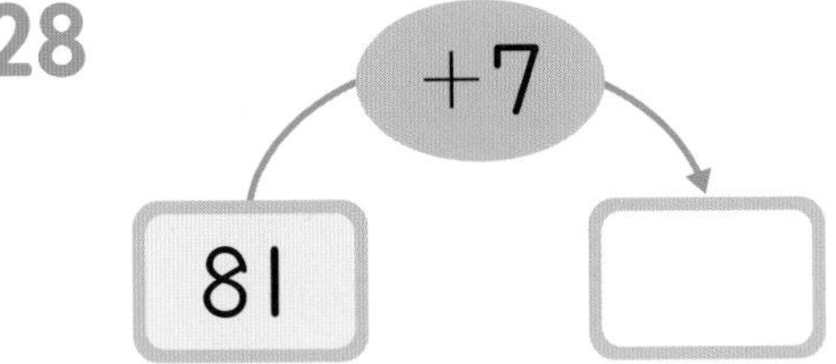

29

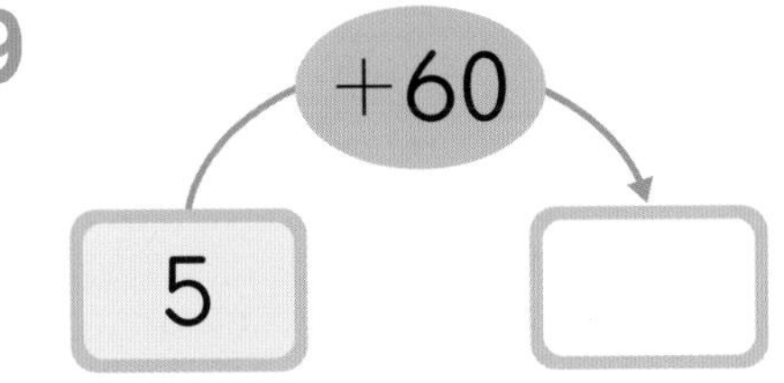

30

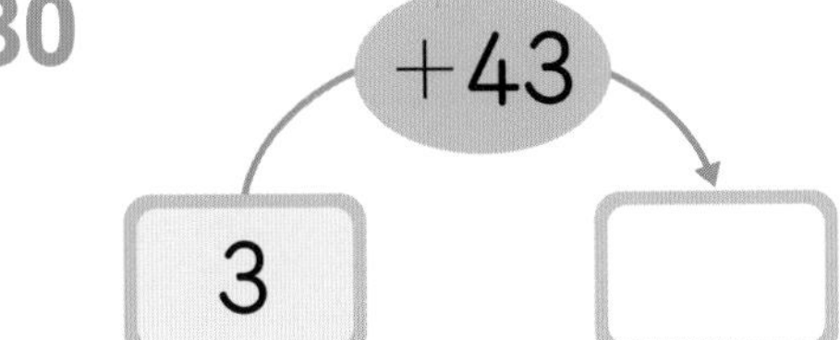

31

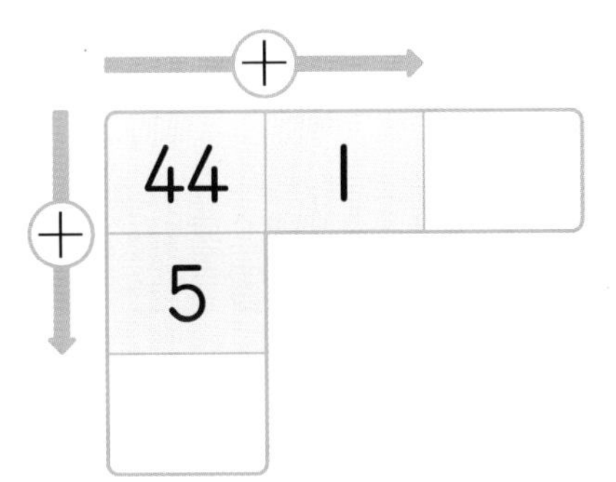

32

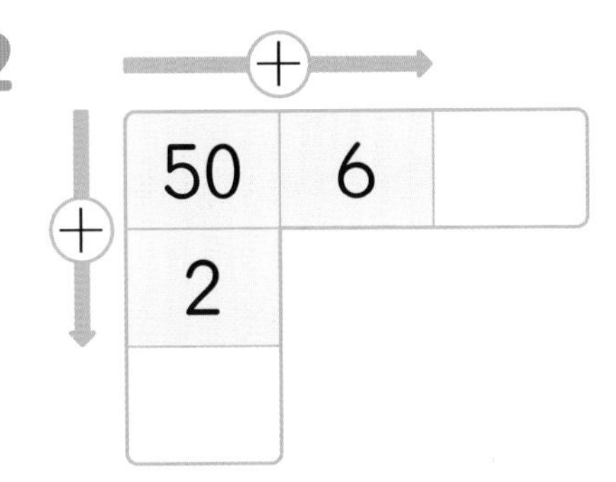

33

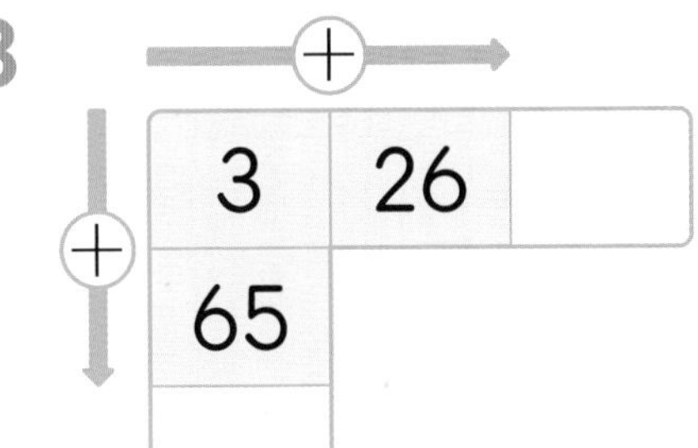

연산+

생선 가게에 갈치가 31마리, 고등어가 8마리 있습니다. 생선 가게에 있는 갈치와 고등어는 모두 몇 마리인가요?

갈치의 수: 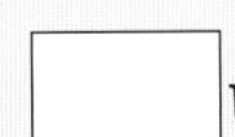 마리, 고등어의 수: 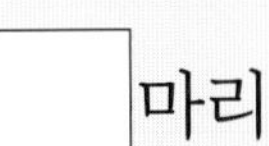 마리

(갈치와 고등어의 수)=(갈치의 수)+(고등어의 수)

= ☐ + ☐ = ☐ (마리)

답 ☐ 마리

완성되는 단어를 알아볼까요?

민호는 계산 결과에 알맞은 인형을 뽑으려고 합니다. ㉠~㉣의 순서대로 인형을 뽑아서 인형에 적힌 글자를 차례대로 읽었을 때 완성되는 단어를 알아보세요.

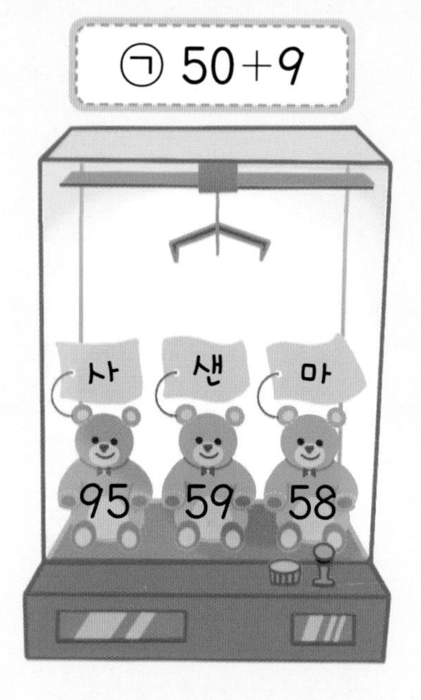

우선 계산 결과에 알맞은 인형을 뽑아야 돼!

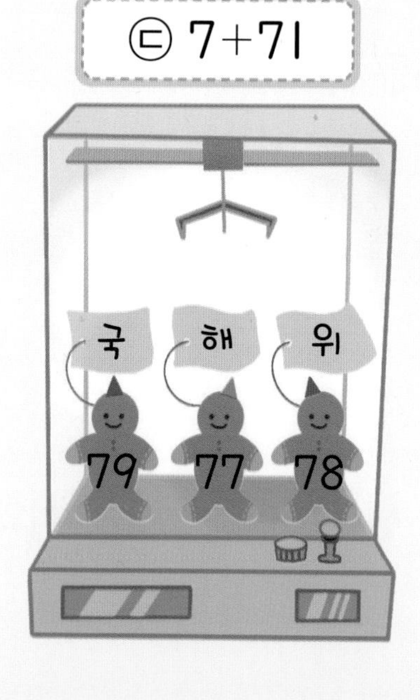

뽑은 인형에 적힌 글자를 ㉠~㉣의 순서대로 읽으면 완성되는 단어는?
민호

6주 5일
정답 확인

오늘 나의 실력을 평가해 봐!

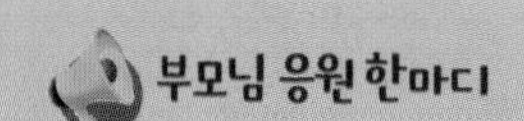

부모님 응원 한마디

7주 1일

교과서 덧셈과 뺄셈

공부한 날
월 일

③ 받아올림이 없는 (두 자리 수)+(두 자리 수)(1)

● 23+14를 계산해 볼까요?

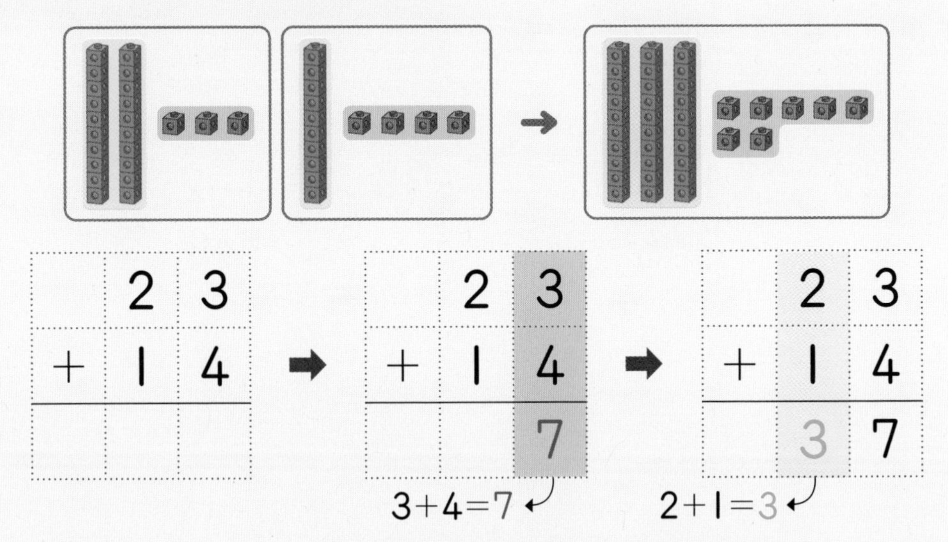

	2	3
+	1	4

➡

	2	3
+	1	4
		7

3+4=7

➡

	2	3
+	1	4
	3	7

2+1=3

10개씩 묶음의 수끼리,
낱개의 수끼리 줄을
맞추어 쓴 후 더해야 돼.

낱개의 수끼리 더하고, 10개씩 묶음의 수끼리 더합니다.

1~6 덧셈을 하세요.

1

	1	2
+	2	4

3

	3	3
+	3	5

5

	4	1
+	5	2

2

	2	6
+	3	1

4

	1	3
+	4	2

6

	6	6
+	2	3

7~28 덧셈을 하세요.

7
$$\begin{array}{r} 14 \\ +\ 35 \\ \hline \end{array}$$

8
$$\begin{array}{r} 36 \\ +\ 32 \\ \hline \end{array}$$

9
$$\begin{array}{r} 41 \\ +\ 15 \\ \hline \end{array}$$

10
$$\begin{array}{r} 53 \\ +\ 31 \\ \hline \end{array}$$

11
$$\begin{array}{r} 25 \\ +\ 40 \\ \hline \end{array}$$

12
$$\begin{array}{r} 31 \\ +\ 22 \\ \hline \end{array}$$

13
$$\begin{array}{r} 10 \\ +\ 36 \\ \hline \end{array}$$

14
$$\begin{array}{r} 11 \\ +\ 84 \\ \hline \end{array}$$

15
$$\begin{array}{r} 27 \\ +\ 12 \\ \hline \end{array}$$

16
$$\begin{array}{r} 63 \\ +\ 35 \\ \hline \end{array}$$

17
$$\begin{array}{r} 34 \\ +\ 43 \\ \hline \end{array}$$

18
$$\begin{array}{r} 12 \\ +\ 51 \\ \hline \end{array}$$

19
$$\begin{array}{r} 27 \\ +\ 52 \\ \hline \end{array}$$

20
$$\begin{array}{r} 63 \\ +\ 20 \\ \hline \end{array}$$

21
$$\begin{array}{r} 81 \\ +\ 17 \\ \hline \end{array}$$

22 26+32

23 50+11

24 43+45

25 36+43

26 23+25

27 35+30

28 75+22

29~33 빈칸에 알맞은 수를 써넣으세요.

29

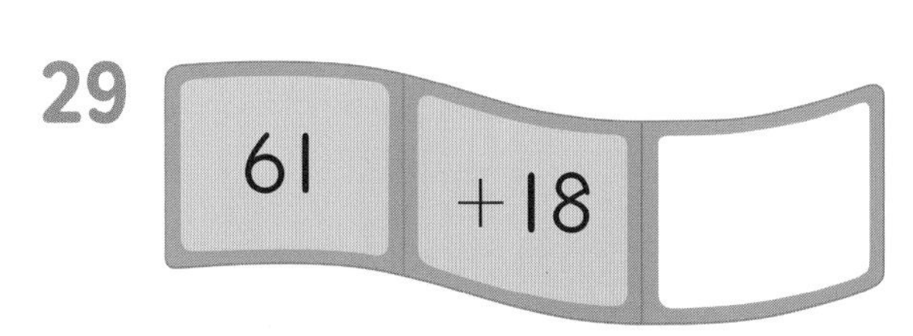

30 15 | +43 | ☐

31 20 | +41 | ☐

32 52 | +35 | ☐

33 34 | +64 | ☐

선 잇기

수애와 친구들은 낚시를 하고 있습니다. 관계있는 것끼리 선으로 이어 보세요.

부모님 응원 한마디

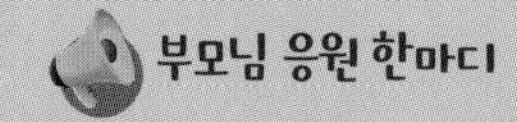

④ 받아올림이 없는 (두 자리 수)+(두 자리 수)(2)

● 31+45를 계산해 볼까요?

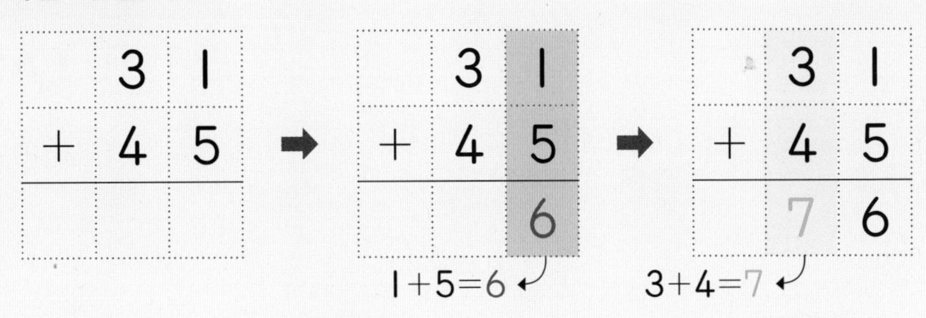

(몇십)+(몇십)은 어떻게 계산할까?

10개씩 묶음의 수끼리 더한 값에 낱개의 수인 0을 1개 붙이면 돼.

1~9 덧셈을 하세요.

1

	1	5
+	1	3

4

	3	4
+	2	5

7

	6	0
+	1	0

2

	2	0
+	6	0

5

	6	1
+	3	2

8

	3	5
+	3	3

3

	2	3
+	4	1

6

	4	3
+	1	4

9

	2	1
+	7	5

10~26 덧셈을 하세요.

10
$$\begin{array}{r} 16 \\ +\ 23 \\ \hline \end{array}$$

15
$$\begin{array}{r} 43 \\ +\ 35 \\ \hline \end{array}$$

20 $36+11$

21 $10+40$

11
$$\begin{array}{r} 47 \\ +\ 20 \\ \hline \end{array}$$

16
$$\begin{array}{r} 22 \\ +\ 13 \\ \hline \end{array}$$

22 $21+53$

12
$$\begin{array}{r} 12 \\ +\ 44 \\ \hline \end{array}$$

17
$$\begin{array}{r} 50 \\ +\ 14 \\ \hline \end{array}$$

23 $34+34$

24 $60+29$

13
$$\begin{array}{r} 20 \\ +\ 10 \\ \hline \end{array}$$

18
$$\begin{array}{r} 32 \\ +\ 45 \\ \hline \end{array}$$

25 $42+14$

14
$$\begin{array}{r} 31 \\ +\ 52 \\ \hline \end{array}$$

19
$$\begin{array}{r} 26 \\ +\ 72 \\ \hline \end{array}$$

26 $55+23$

27~30 빈칸에 두 수의 합을 써넣으세요.

27

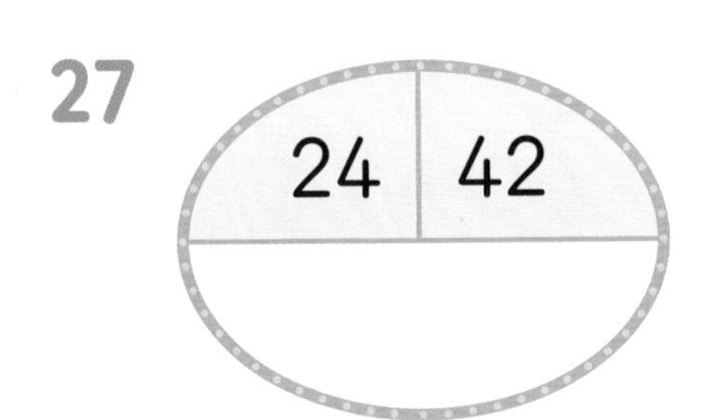

28

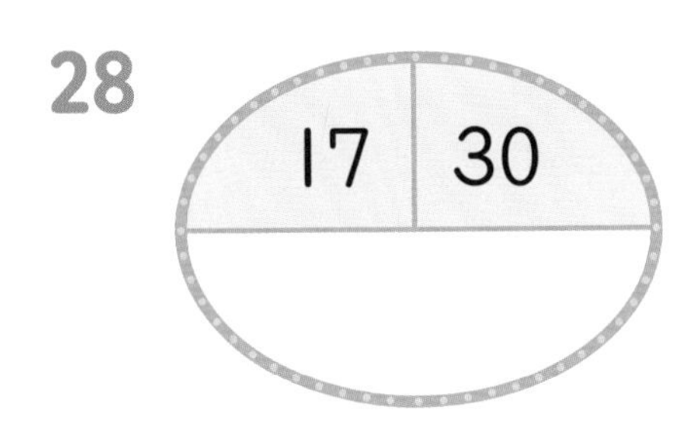

29

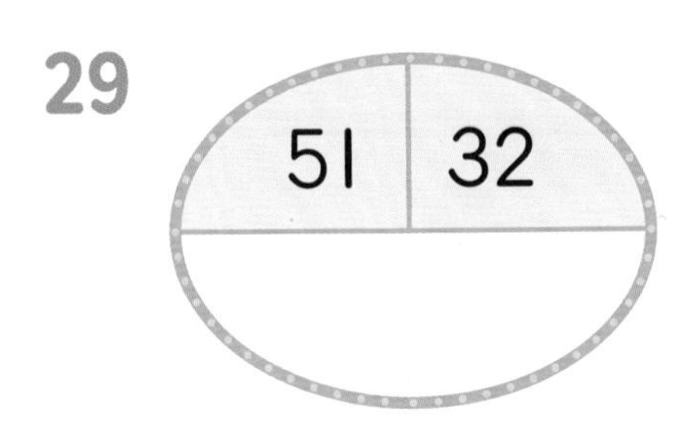

30

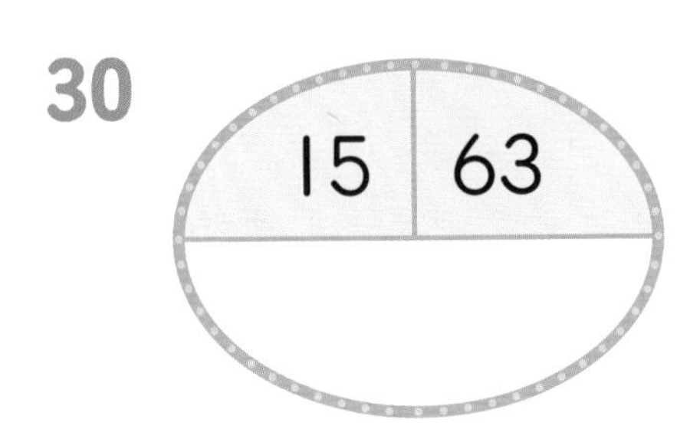

31~34 빈칸에 알맞은 수를 써넣으세요.

31 ⊕ →

21	34	
44	42	

32 ⊕ →

20	25	
31	42	

33 ⊕ →

52	14	
27	62	

34 ⊕ →

35	13	
10	80	

민수는 초록색 구슬 25개와 노란색 구슬 31개를 가지고 있습니다. 민수가 가지고 있는 구슬은 모두 몇 개인가요?

초록색 구슬 수: ☐개, 노란색 구슬 수: ☐개

(민수가 가지고 있는 구슬 수)=(초록색 구슬 수)+(노란색 구슬 수)

=☐+☐=☐(개)

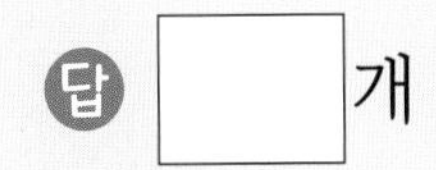

답 ☐개

칭찬 붙임 딱지 수 구하기

아라네 반에서 칭찬 붙임 딱지로 물건을 살 수 있는 학급 시장이 열렸습니다. 물건마다 필요한 칭찬 붙임 딱지 수가 붙어 있습니다. 아래 그림을 보고 아라와 현석이에게 필요한 칭찬 붙임 딱지는 각각 몇 장인지 구해 보세요.

오늘 나의 실력을 평가해 봐!

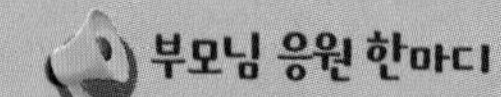

⑤ 그림을 보고 덧셈하기

● 그림을 보고 덧셈식을 만들어 볼까요?

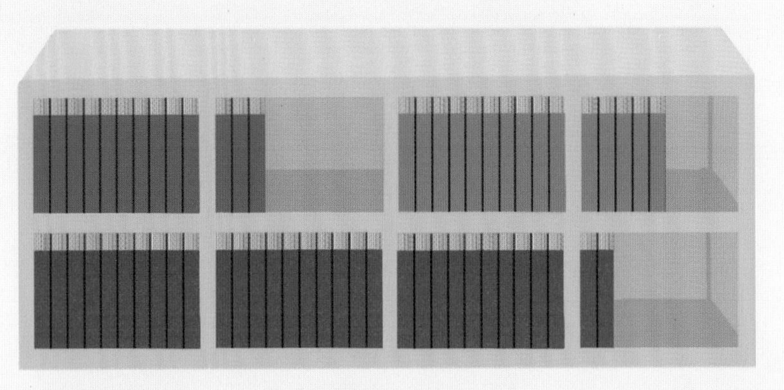

파란색 책은 13권,
초록색 책은 15권,
빨간색 책은 32권이야.

• 파란색 책과 초록색 책은 모두 13+15=28(권)입니다.
• 초록색 책과 빨간색 책은 모두 15+32=47(권)입니다.

1~4 색종이는 모두 몇 장인지 구하려고 합니다. □ 안에 알맞은 수를 써넣으세요.

1

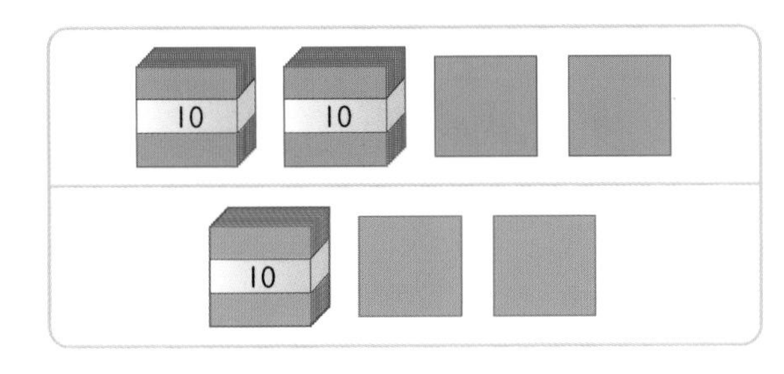

22+□=□(장)

3

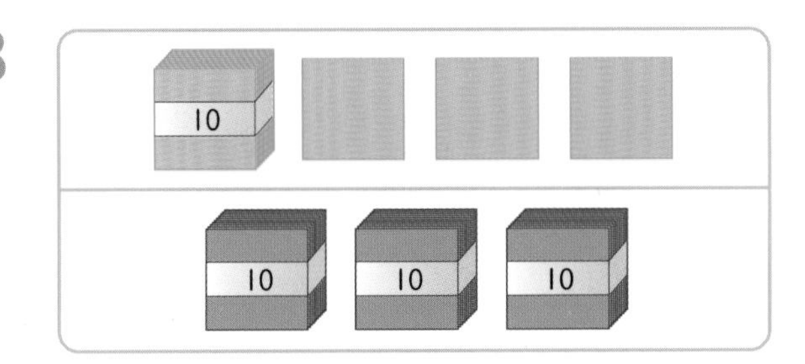

□+30=□(장)

2

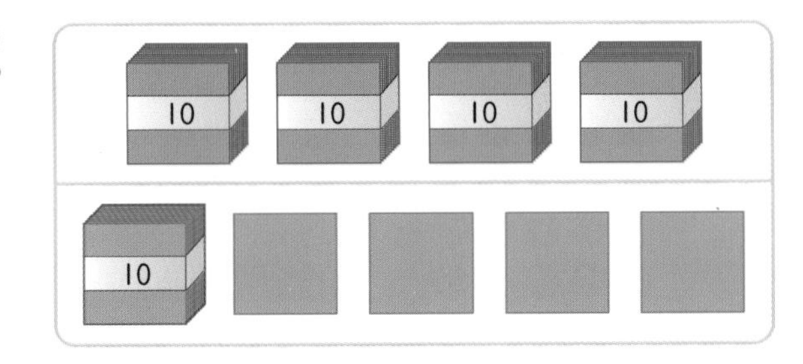

□+14=□(장)

4

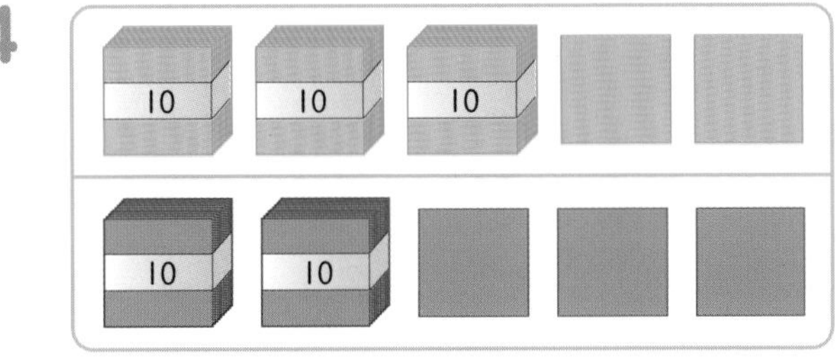

32+□=□(장)

5~12 그림을 보고 덧셈식을 만들려고 합니다. □ 안에 알맞은 수를 써넣으세요.

5

$\square + 7 = \square$

6

$15 + \square = \square$

7

$\square + 20 = \square$

8

$11 + \square = \square$

9

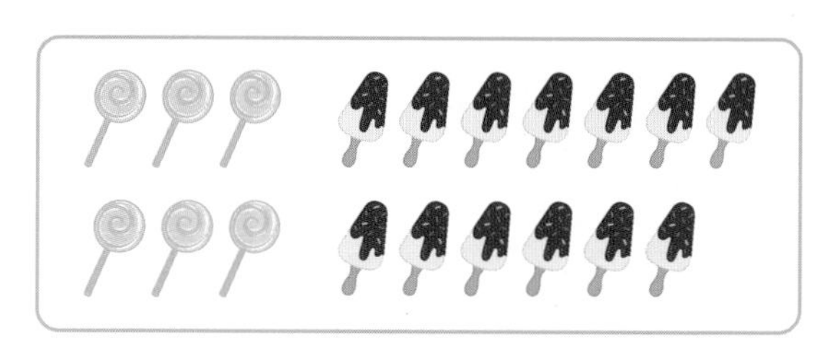

$6 + \square = \square$

10

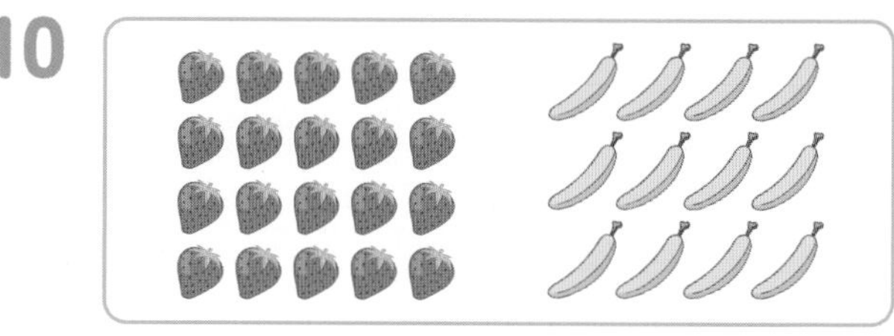

$\square + 12 = \square$

11

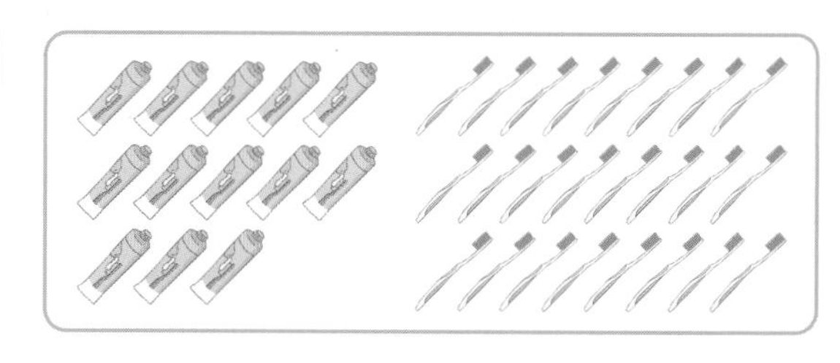

$13 + \square = \square$

12

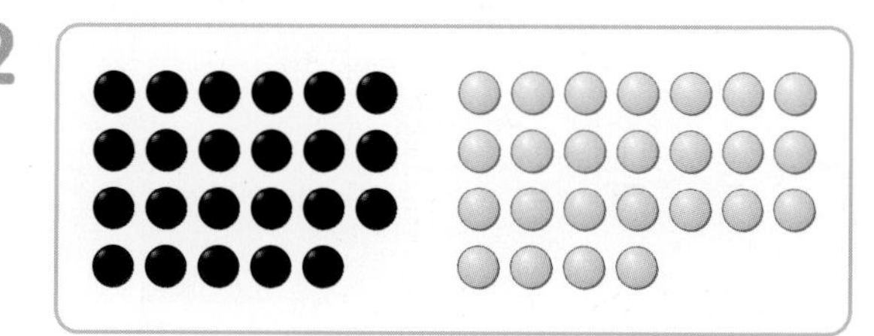

$\square + 25 = \square$

13~16 그림을 보고 덧셈식을 2개 만들려고 합니다. □ 안에 알맞은 수를 써넣으세요.

13

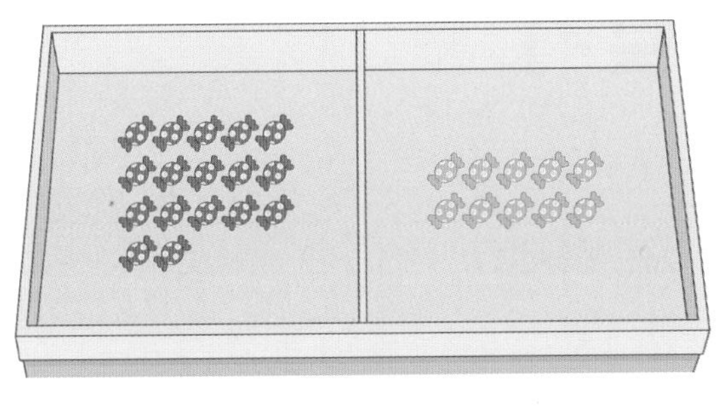

$17+\square=\square$

$\square+17=\square$

15

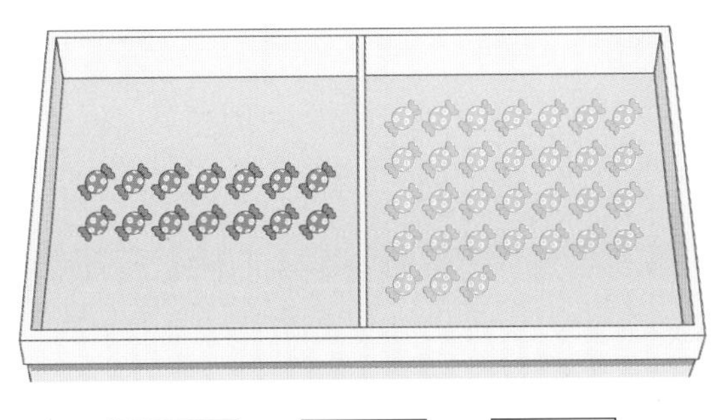

$\square+\square=\square$

$\square+\square=\square$

14

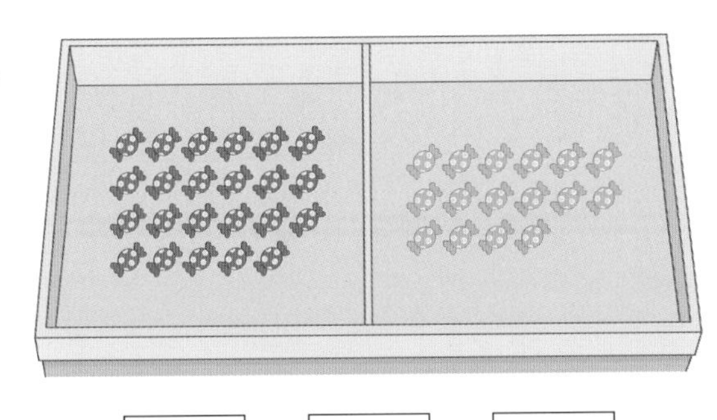

$\square+\square=\square$

$\square+\square=\square$

16

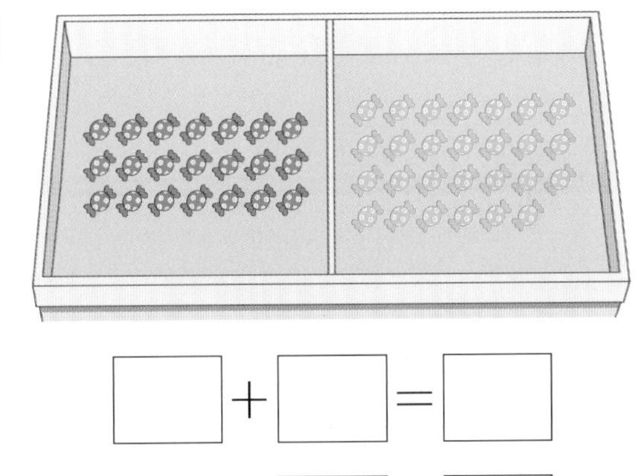

$\square+\square=\square$

$\square+\square=\square$

어느 냉장고에 있는 주스입니다. 포도주스와 오렌지주스는 모두 몇 개인가요?

포도주스 토마토주스 오렌지주스

포도주스 수: □개, 오렌지주스 수: □개

(포도주스와 오렌지주스 수)=(포도주스 수)+(오렌지주스 수)

$=\square+\square=\square$(개)

 개

숨은 그림 찾기

다음 그림에서 숨은 그림 5개를 모두 찾아 ○표 하세요.

당근 연필 잠자리 양말 포크

7주 3일
정답 확인

오늘 나의 실력을 평가해 봐!

부모님 응원 한마디

공부한 날
월
일

7주 4일

교과서 덧셈과 뺄셈

6 받아내림이 없는 (두 자리 수)−(한 자리 수)(1)

● 38−2를 계산해 볼까요?

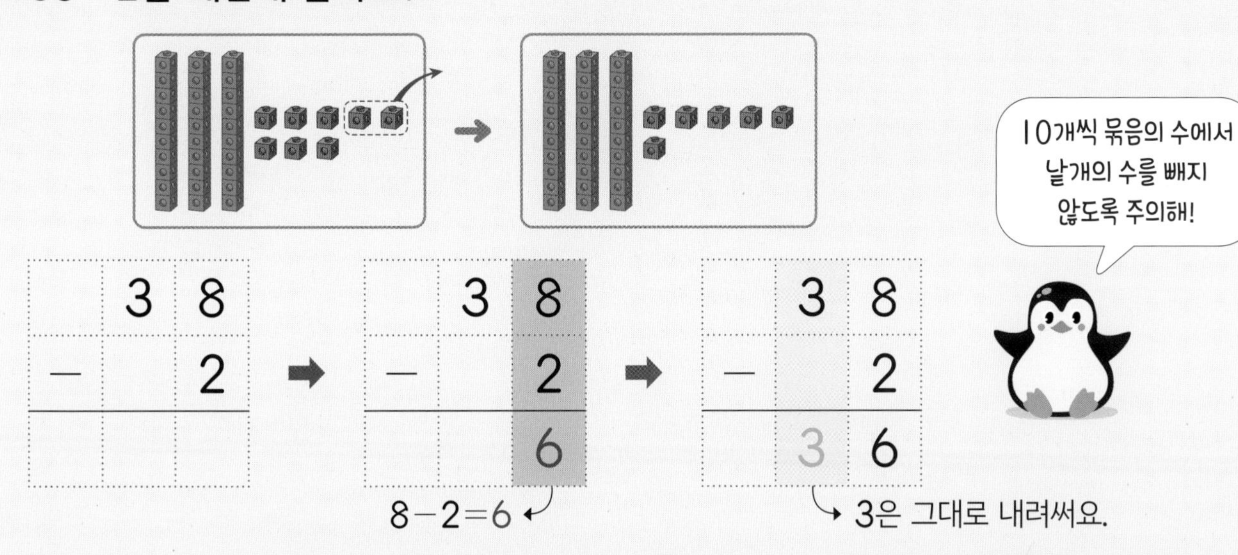

10개씩 묶음의 수에서
낱개의 수를 빼지
않도록 주의해!
8−2=6
3은 그대로 내려써요.

낱개의 수끼리 빼고, 10개씩 묶음의 수는 그대로 내려씁니다.

1~6 뺄셈을 하세요.

1

	2	7
−		2

3

	6	4
−		1

5

	5	9
−		9

2

	7	8
−		4

4

	4	6
−		5

6

	3	5
−		3

7~28 뺄셈을 하세요.

7 $\begin{array}{r} 39 \\ -\ \ 3 \\ \hline \end{array}$

8 $\begin{array}{r} 93 \\ -\ \ 1 \\ \hline \end{array}$

9 $\begin{array}{r} 74 \\ -\ \ 4 \\ \hline \end{array}$

10 $\begin{array}{r} 18 \\ -\ \ 3 \\ \hline \end{array}$

11 $\begin{array}{r} 57 \\ -\ \ 5 \\ \hline \end{array}$

12 $\begin{array}{r} 45 \\ -\ \ 2 \\ \hline \end{array}$

13 $\begin{array}{r} 26 \\ -\ \ 5 \\ \hline \end{array}$

14 $\begin{array}{r} 58 \\ -\ \ 4 \\ \hline \end{array}$

15 $\begin{array}{r} 87 \\ -\ \ 6 \\ \hline \end{array}$

16 $\begin{array}{r} 95 \\ -\ \ 3 \\ \hline \end{array}$

17 $\begin{array}{r} 69 \\ -\ \ 7 \\ \hline \end{array}$

18 $\begin{array}{r} 35 \\ -\ \ 5 \\ \hline \end{array}$

19 $\begin{array}{r} 47 \\ -\ \ 1 \\ \hline \end{array}$

20 $\begin{array}{r} 78 \\ -\ \ 3 \\ \hline \end{array}$

21 $\begin{array}{r} 89 \\ -\ \ 2 \\ \hline \end{array}$

22 14−2

23 65−1

24 38−7

25 96−3

26 27−6

27 45−5

28 79−4

29~33 □ 안에 알맞은 수를 써넣으세요.

29 36 → −5 → □

30 64 → −4 → □

31 19 → −2 → □

32 97 → −6 → □

33 88 → −3 → □

길 찾기

스미스는 친구들과 함께 등산을 하려고 합니다. 바르게 계산한 것을 따라가면 산 정상에 도착할 수 있습니다. 길을 찾아 선으로 이어 보세요.

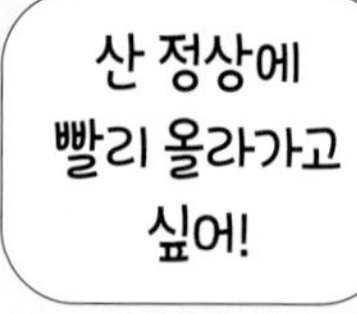

스미스

같은 자리의 수끼리 빼야 하는 거 잊지 마!

출발	$36-6=30$	$28-3=24$
$98-5=90$	$55-4=51$	$67-3=65$
$65-3=63$	$49-7=42$	$76-5=71$
$38-8=33$	$87-5=81$	도착

교과서 덧셈과 뺄셈

⑦ 받아내림이 없는 (두 자리 수)−(한 자리 수)(2)

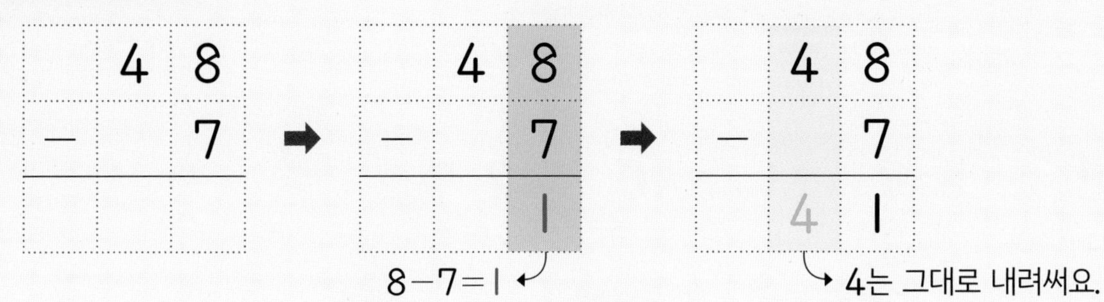

● 48−7을 계산해 볼까요?

	4	8
−		7

➡

	4	8
−		7
		1

8−7=1

➡

	4	8
−		7
	4	1

4는 그대로 내려써요.

10개씩 묶음 4개와 낱개 8개에서 낱개 7개를 빼면 어떻게 되지?

10개씩 묶음 4개는 그대로 남고 낱개는 1개가 남지!

1~9 뺄셈을 하세요.

1

	3	4
−		3

4

	6	6
−		5

7

	2	9
−		2

2

	8	8
−		5

5

	1	8
−		8

8

	9	7
−		4

3

	5	7
−		2

6

	4	5
−		3

9

	7	5
−		1

10~26 뺄셈을 하세요.

10 $\begin{array}{r} 16 \\ -\ \ 2 \\ \hline \end{array}$

11 $\begin{array}{r} 59 \\ -\ \ 3 \\ \hline \end{array}$

12 $\begin{array}{r} 68 \\ -\ \ 8 \\ \hline \end{array}$

13 $\begin{array}{r} 97 \\ -\ \ 5 \\ \hline \end{array}$

14 $\begin{array}{r} 49 \\ -\ \ 6 \\ \hline \end{array}$

15 $\begin{array}{r} 58 \\ -\ \ 1 \\ \hline \end{array}$

16 $\begin{array}{r} 27 \\ -\ \ 5 \\ \hline \end{array}$

17 $\begin{array}{r} 89 \\ -\ \ 6 \\ \hline \end{array}$

18 $\begin{array}{r} 36 \\ -\ \ 2 \\ \hline \end{array}$

19 $\begin{array}{r} 75 \\ -\ \ 4 \\ \hline \end{array}$

20 $27-1$

21 $78-5$

22 $43-3$

23 $56-2$

24 $99-7$

25 $38-4$

26 $86-5$

27~30 빈칸에 두 수의 차를 써넣으세요.

27
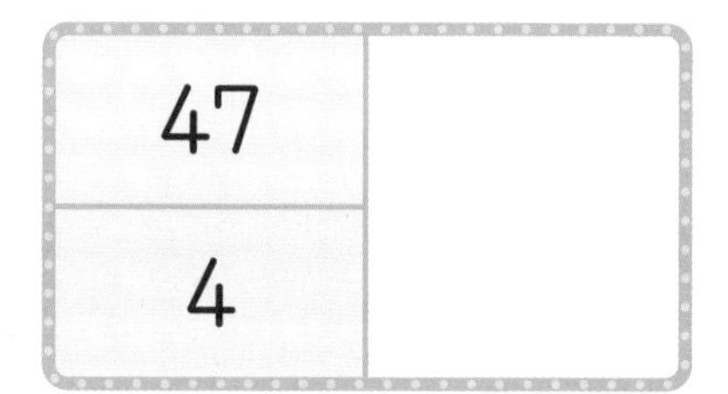

28

29
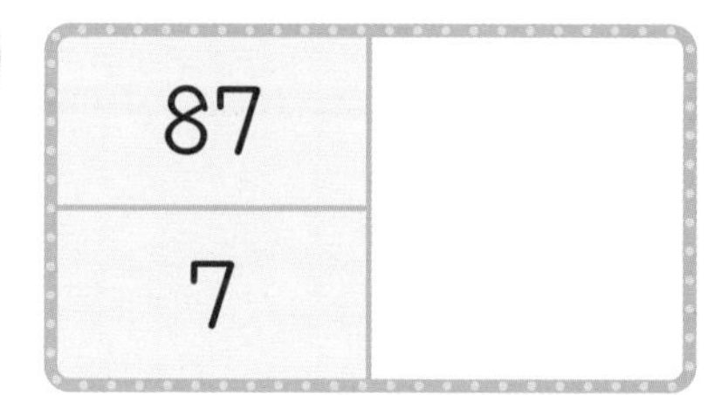

30
6
79

31~34 빈칸에 알맞은 수를 써넣으세요.

31
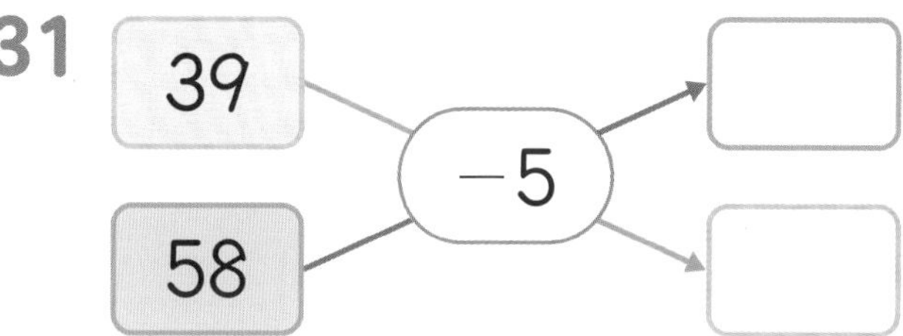

32
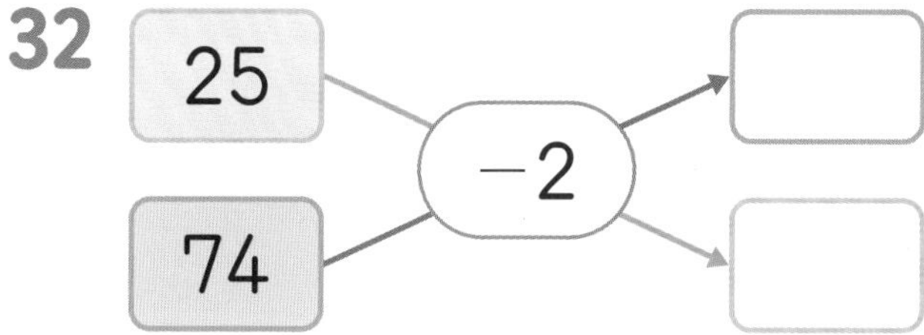

33
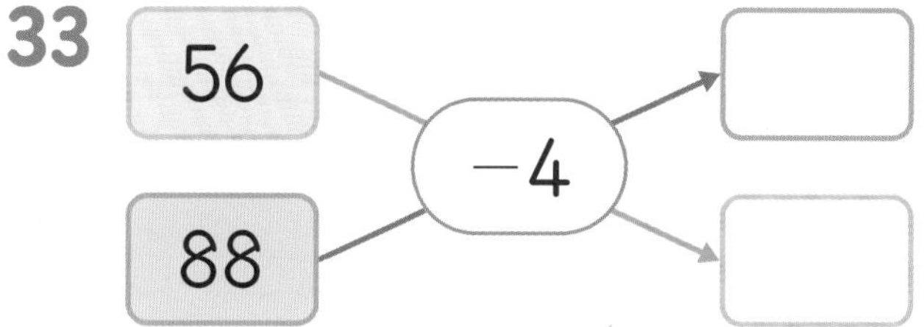

34
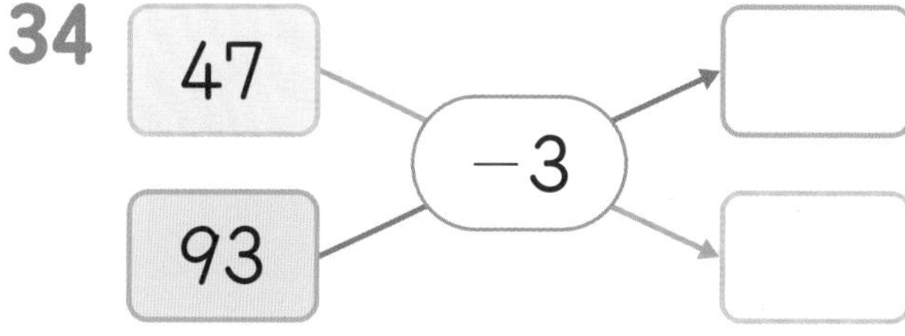

경서는 사탕을 17개 가지고 있었는데 그중에서 6개를 동생에게 주었습니다. 경서에게 남은 사탕은 몇 개인가요?

경서가 가지고 있던 사탕 수: 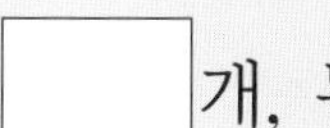개, 동생에게 준 사탕 수: 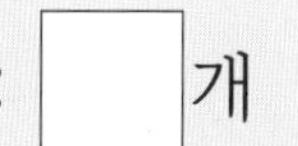개

(경서에게 남은 사탕 수)=(경서가 가지고 있던 사탕 수)−(동생에게 준 사탕 수)

=□−□=□(개)

답 개

다른 그림 찾기

아래 그림에서 위 그림과 다른 부분 5군데를 모두 찾아 ○표 하세요.

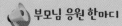

오늘 나의 실력을 평가해 봐!

부모님 응원 한마디

8 받아내림이 없는 (두 자리 수)−(두 자리 수)(1)

● 27−13을 계산해 볼까요?

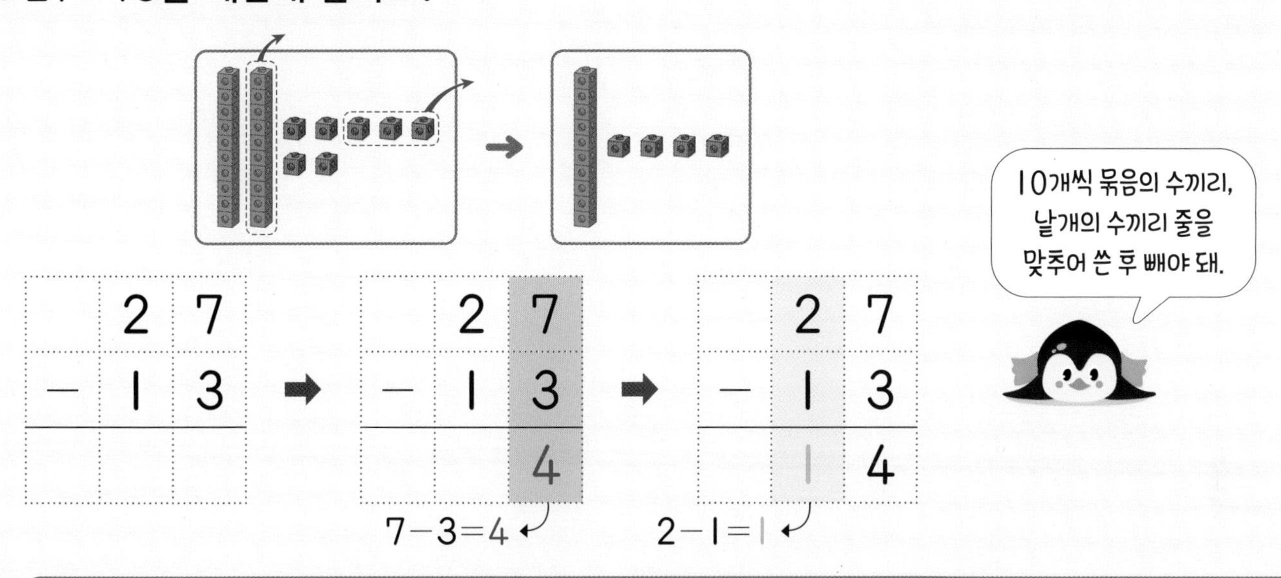

2 7
− 1 3
2 7
− 1 3
4
7−3=4
2 7
− 1 3
1 4
2−1=1
10개씩 묶음의 수끼리, 낱개의 수끼리 줄을 맞추어 쓴 후 빼야 돼.

낱개의 수끼리 빼고, 10개씩 묶음의 수끼리 뺍니다.

1~6 뺄셈을 하세요.

1

	2	8
−	1	2

2

	5	0
−	3	0

3

	8	6
−	2	3

4

	4	9
−	3	5

5

	6	5
−	2	0

6

	7	4
−	4	2

7~28 뺄셈을 하세요.

7 $\begin{array}{r} 39 \\ -\ 19 \\ \hline \end{array}$

8 $\begin{array}{r} 85 \\ -\ 31 \\ \hline \end{array}$

9 $\begin{array}{r} 70 \\ -\ 40 \\ \hline \end{array}$

10 $\begin{array}{r} 47 \\ -\ 22 \\ \hline \end{array}$

11 $\begin{array}{r} 68 \\ -\ 55 \\ \hline \end{array}$

12 $\begin{array}{r} 87 \\ -\ 30 \\ \hline \end{array}$

13 $\begin{array}{r} 44 \\ -\ 23 \\ \hline \end{array}$

14 $\begin{array}{r} 96 \\ -\ 54 \\ \hline \end{array}$

15 $\begin{array}{r} 73 \\ -\ 43 \\ \hline \end{array}$

16 $\begin{array}{r} 59 \\ -\ 16 \\ \hline \end{array}$

17 $\begin{array}{r} 66 \\ -\ 31 \\ \hline \end{array}$

18 $\begin{array}{r} 80 \\ -\ 10 \\ \hline \end{array}$

19 $\begin{array}{r} 78 \\ -\ 62 \\ \hline \end{array}$

20 $\begin{array}{r} 61 \\ -\ 20 \\ \hline \end{array}$

21 $\begin{array}{r} 97 \\ -\ 45 \\ \hline \end{array}$

22 54−32

23 38−25

24 80−60

25 67−31

26 79−18

27 93−40

28 86−22

29~32 □ 안에 알맞은 수를 써넣으세요.

29 76

−11

□

30 60

−50

□

31

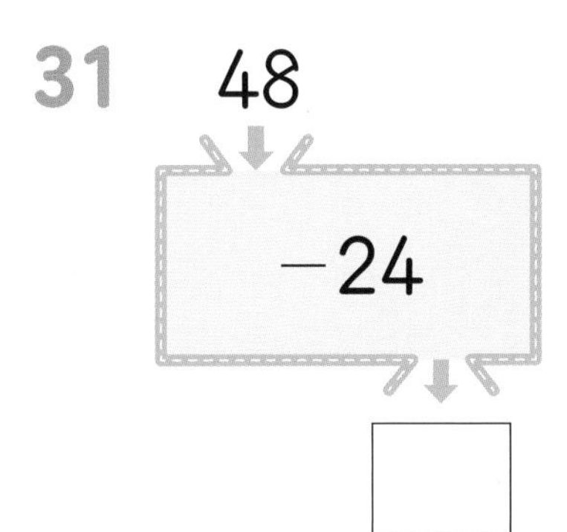

32 89

−32

□

가로세로 수 맞추기

지훈이와 정아는 가로세로 수 맞추기 놀이를 하려고 합니다. 보물 상자에 적혀 있는 뺄셈의 답을 구해 빈칸에 알맞은 수를 써넣으세요.

가로 열쇠에서 구한 답은 가로에 써야 해.
세로 열쇠에서 구한 답은 세로에 쓰면 돼.
지훈
정아

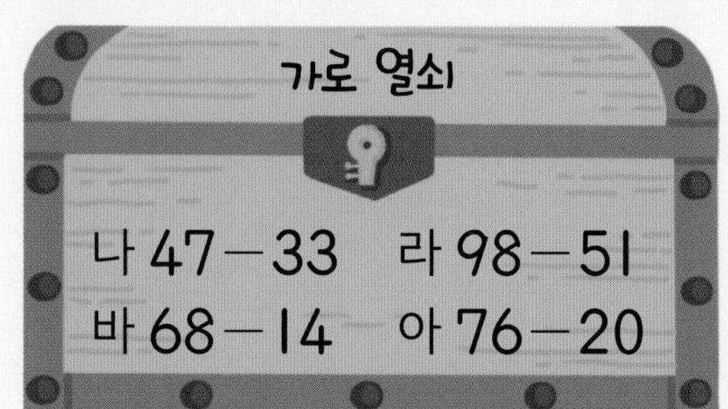

가로 열쇠
나 47－33
라 98－51
바 68－14
아 76－20

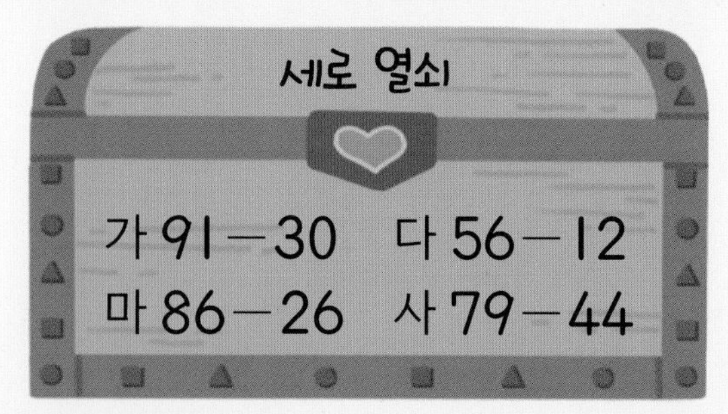

세로 열쇠
가 91－30
다 56－12
마 86－26
사 79－44

오늘 나의 실력을 평가해 봐!

부모님 응원 한마디

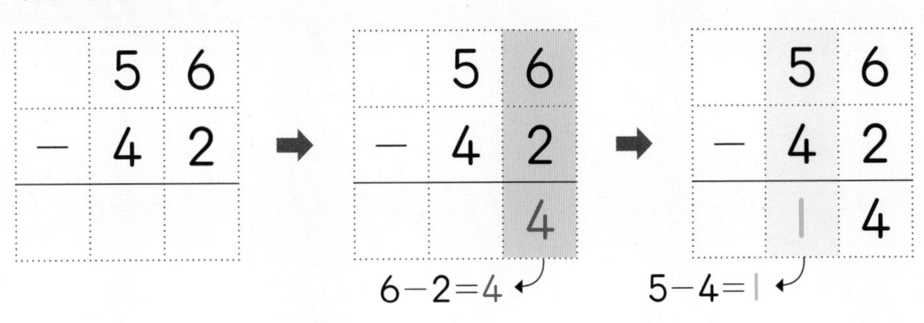

⑨ 받아내림이 없는 (두 자리 수)−(두 자리 수)(2)

● 56−42를 계산해 볼까요?

	5	6
−	4	2

➡

	5	6
−	4	2
		4

6−2=4

➡

	5	6
−	4	2
	1	4

5−4=1

10개씩 묶음의 수끼리 뺐을 때 0이 나오면 어떻게 하지?

낱개의 수끼리 뺀 값만 계산 결과에 적어주면 돼!

1~9 뺄셈을 하세요.

1

	3	6
−	1	3

4

	8	8
−	4	3

7

	6	7
−	6	1

2

	7	0
−	3	0

5

	5	8
−	5	0

8

	4	5
−	2	0

3

	4	4
−	2	4

6

	7	5
−	2	4

9

	9	9
−	4	5

10~26 뺄셈을 하세요.

10
$$\begin{array}{r} 48 \\ -\ 17 \\ \hline \end{array}$$

11
$$\begin{array}{r} 90 \\ -\ 70 \\ \hline \end{array}$$

12
$$\begin{array}{r} 75 \\ -\ 21 \\ \hline \end{array}$$

13
$$\begin{array}{r} 59 \\ -\ 56 \\ \hline \end{array}$$

14
$$\begin{array}{r} 63 \\ -\ 23 \\ \hline \end{array}$$

15
$$\begin{array}{r} 57 \\ -\ 42 \\ \hline \end{array}$$

16
$$\begin{array}{r} 96 \\ -\ 35 \\ \hline \end{array}$$

17
$$\begin{array}{r} 47 \\ -\ 40 \\ \hline \end{array}$$

18
$$\begin{array}{r} 64 \\ -\ 12 \\ \hline \end{array}$$

19
$$\begin{array}{r} 85 \\ -\ 61 \\ \hline \end{array}$$

20 $58-45$

21 $40-30$

22 $82-52$

23 $67-15$

24 $74-30$

25 $38-11$

26 $97-26$

27~30 빈칸에 두 수의 차를 써넣으세요.

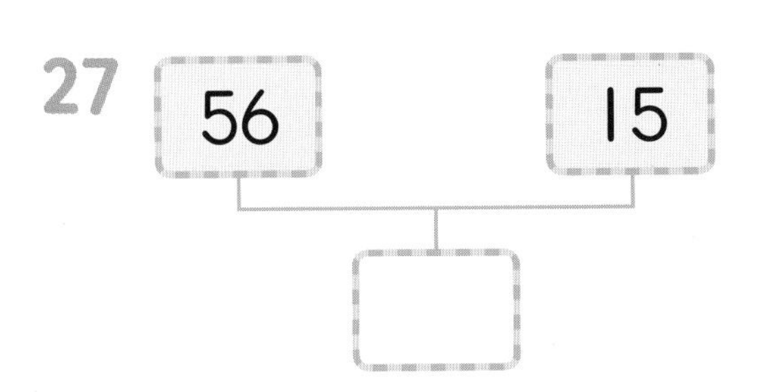

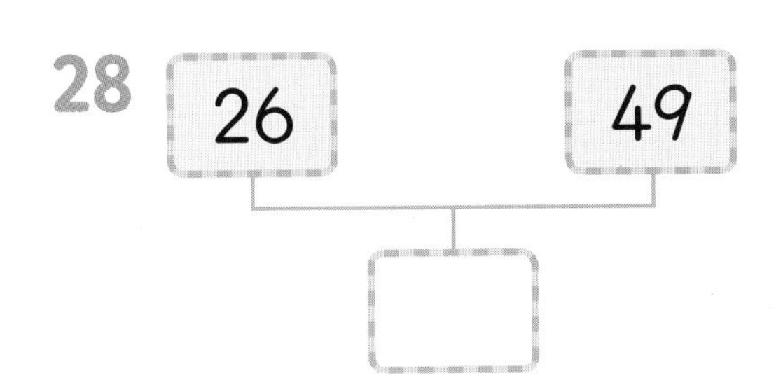

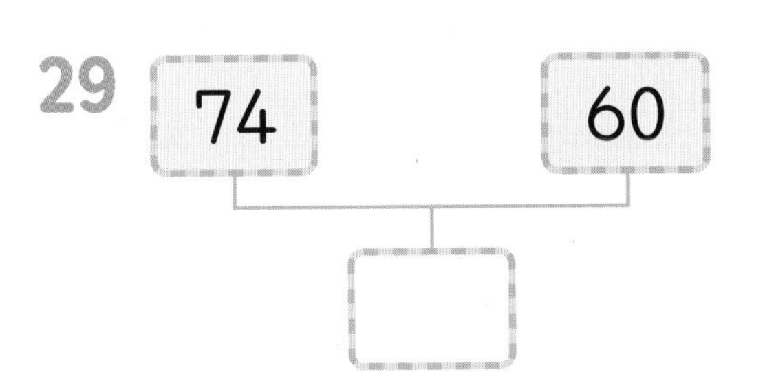

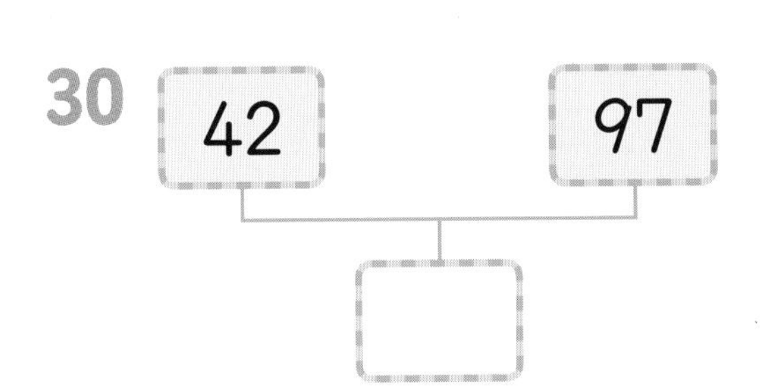

31~34 빈칸에 알맞은 수를 써넣으세요.

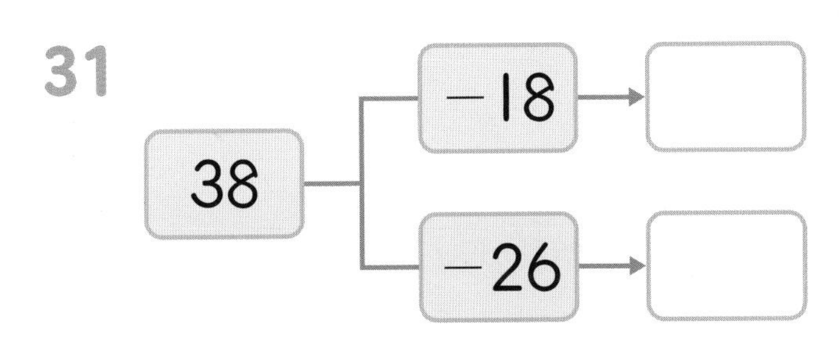

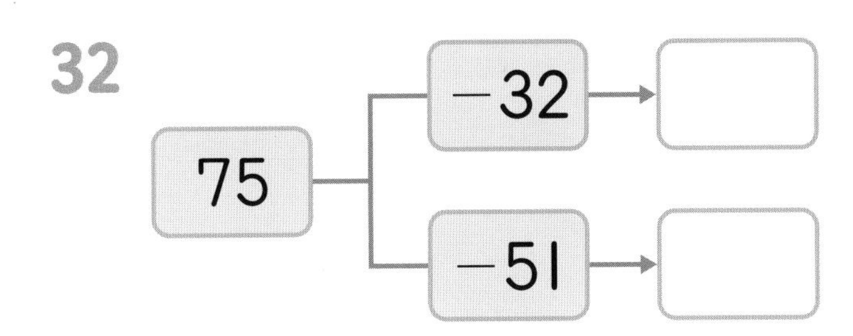

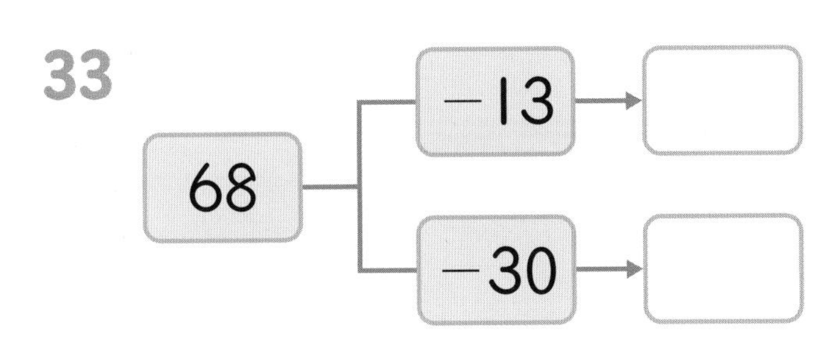

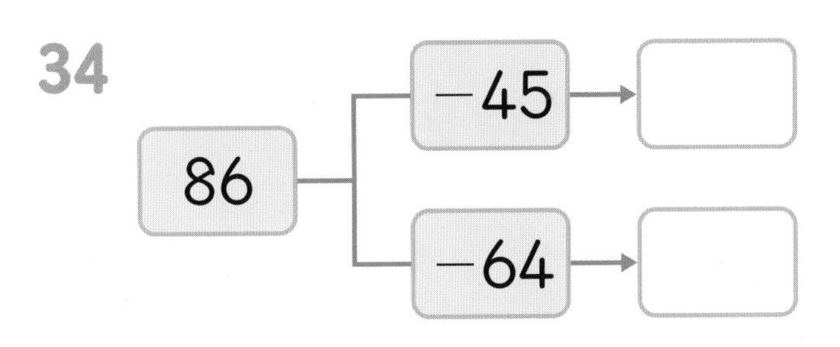

가현이네 밭에서 작년에 수확한 감자는 69상자이고, 올해 수확한 감자는 작년보다 12상자 더 적습니다. 올해 수확한 감자는 몇 상자인가요?

작년에 수확한 감자 수: □상자, 올해 줄어든 감자 수: □상자

(올해 수확한 감자 수)=(작년에 수확한 감자 수)−(올해 줄어든 감자 수)

=□−□=□(상자)　　답 □상자

도둑은 누구일까요?

어느 날 한 보석 가게에 도둑이 들어 가장 비싼 보석을 훔쳐 갔습니다. 사건 단서 ①, ②, ③의 계산 결과에 해당하는 글자를 〈사건 단서 해독표〉에서 찾아 차례로 쓰면 도둑의 이름을 알 수 있습니다. 명탐정과 함께 주어진 사건 단서를 가지고 도둑의 이름을 알아보세요.

사건 현장에서 단서를 찾아 오른쪽의 <사건 단서 해독표>를 이용하여 도둑의 이름을 알아봐.

<사건 단서 해독표>

이	35	김	23	진	49
수	52	규	30	람	55
하	47	석	33	박	27

도둑의 이름은 바로 ①□ ②□ ③□ 입니다.

8주 2일 정답 확인

오늘 나의 실력을 평가해 봐!

부모님 응원 한마디

⑩ 그림을 보고 뺄셈하기

● 그림을 보고 뺄셈식을 만들어 볼까요?

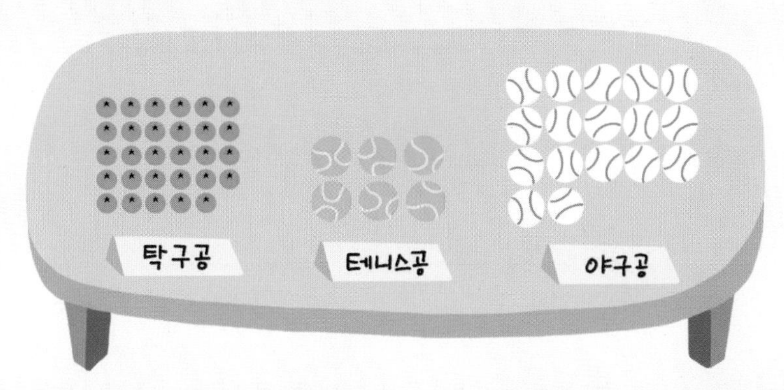

탁구공은 29개,
테니스공은 6개,
야구공은 17개야.

- 탁구공은 테니스공보다 29－6＝23(개) 더 많습니다.
- 탁구공은 야구공보다 29－17＝12(개) 더 많습니다.
- 야구공은 테니스공보다 17－6＝11(개) 더 많습니다.

1~4 남는 색종이가 몇 장인지 구하려고 합니다. □ 안에 알맞은 수를 써넣으세요.

1

□－3＝□(장)

3

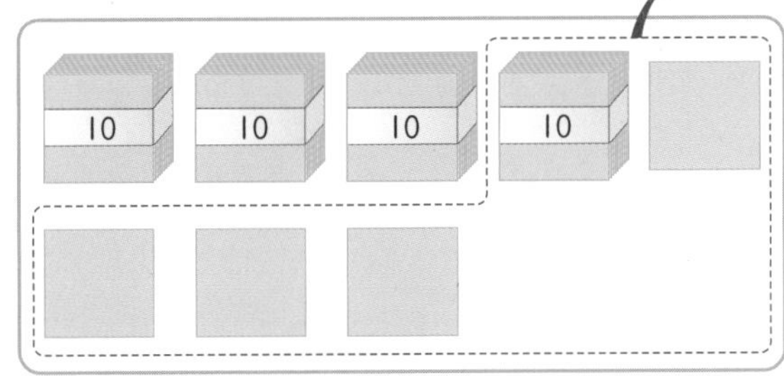

44－□＝□(장)

2

34－□＝□(장)

4

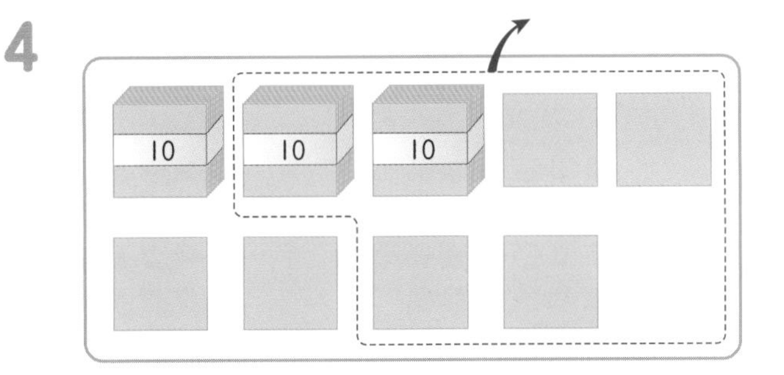

□－24＝□(장)

5~12 그림을 보고 뺄셈식을 만들려고 합니다. □ 안에 알맞은 수를 써넣으세요.

5

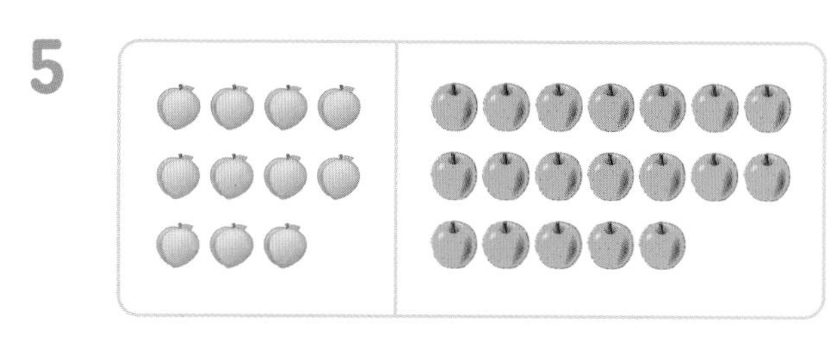

19 − □ = □

6

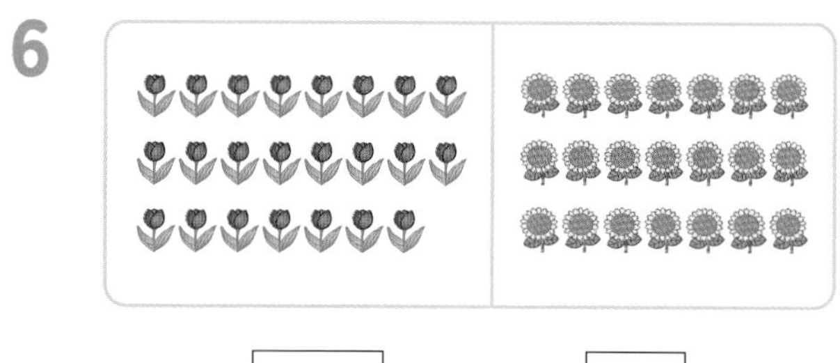

□ − 21 = □

7

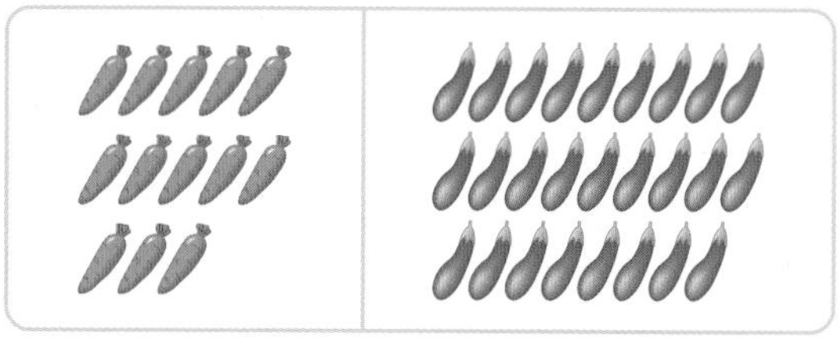

□ − 13 = □

8

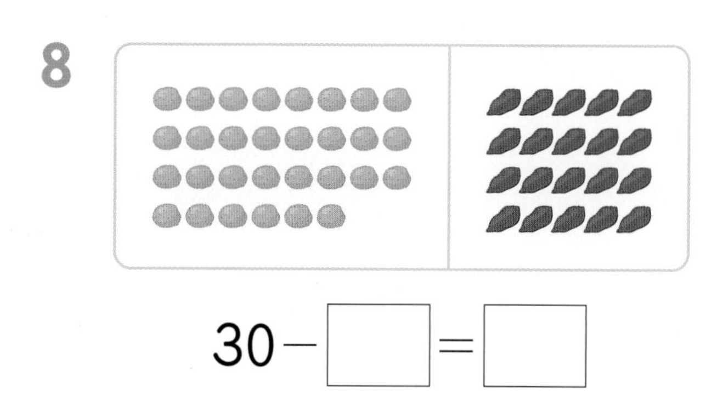

30 − □ = □

9

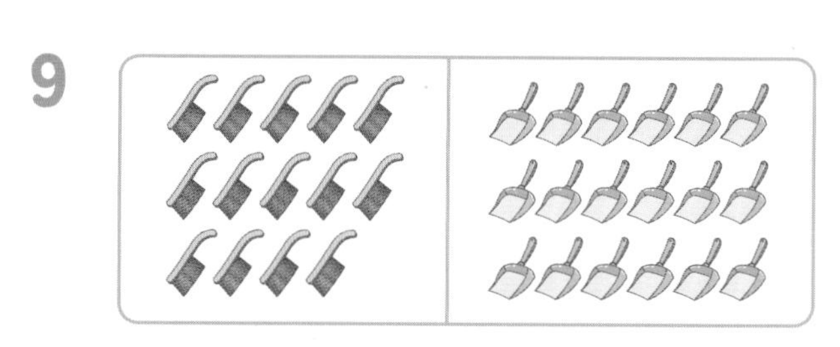

□ − 14 = □

10

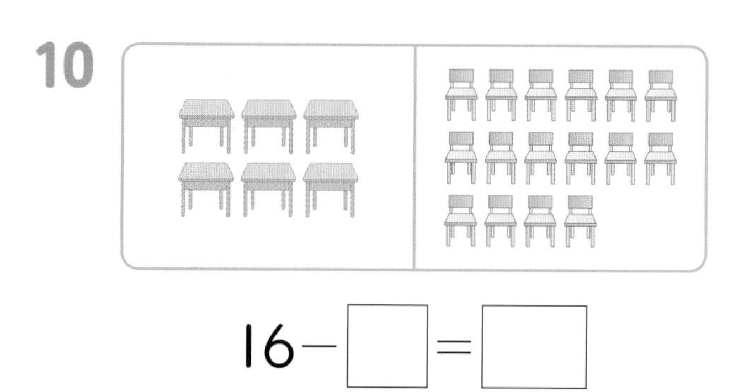

16 − □ = □

11

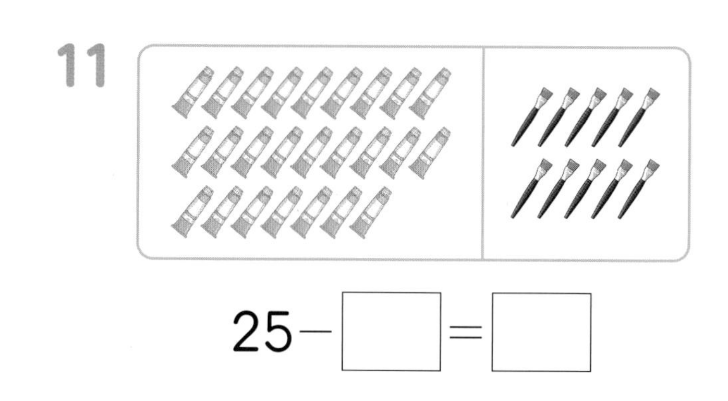

25 − □ = □

12

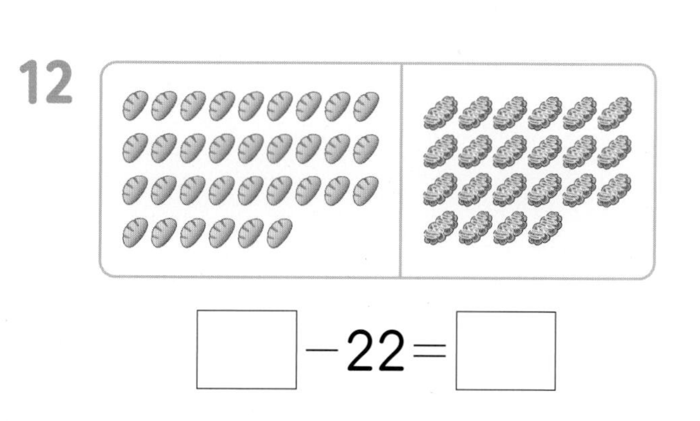

□ − 22 = □

13~16 그림을 보고 공깃돌의 수를 비교하려고 합니다. 알맞은 말에 ○표 하고, □ 안에 알맞은 수를 써넣으세요.

13

(빨간색 , 파란색) 공깃돌이

□개 더 많습니다.

15

(보라색 , 초록색) 공깃돌이

□개 더 많습니다.

14

(빨간색 , 파란색) 공깃돌이

□개 더 많습니다.

16

(보라색 , 초록색) 공깃돌이

□개 더 많습니다.

연산+

어느 꽃집에 있는 꽃입니다. 튤립은 국화보다 몇 송이 더 많이 있나요?

튤립 수: □송이, 국화 수: □송이

(튤립과 국화 수의 차)=(튤립 수)−(국화 수)

=□−□=□(송이)

답 □송이

미로 찾기

진영이는 자전거를 타고 친구 집에 가려고 합니다. 길을 찾아 선으로 이어 보세요.

오늘 나의 실력을 평가해 봐!

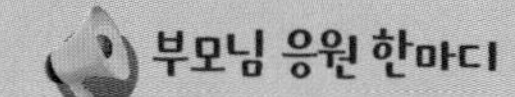

부모님 응원 한마디

⑪ 계산 결과의 크기 비교

● 21+12와 48−13의 크기를 비교해 볼까요?

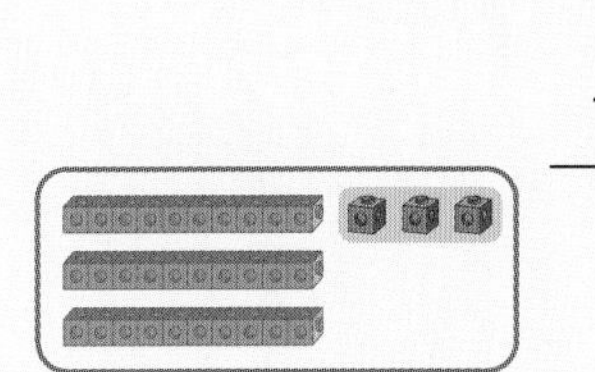

$$\begin{array}{r} 21 \\ +\ 12 \\ \hline 33 \end{array} \quad \bigcirc\!\!\!\!< \quad \begin{array}{r} 48 \\ -\ 13 \\ \hline 35 \end{array}$$

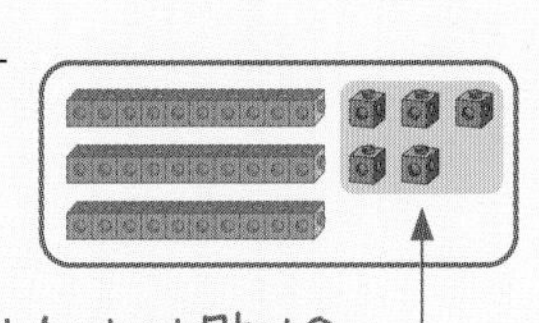

35의 낱개의 수가 더 많아요.

계산을 한 후
계산 결과의 크기를
비교해야 해!

1~6 계산을 하고 계산 결과의 크기를 비교하여 ○ 안에 >, =, <를 알맞게 써넣으세요.

1
$$\begin{array}{r} 14 \\ +\ \ 5 \\ \hline \end{array} \quad \bigcirc \quad \begin{array}{r} 11 \\ +\ \ 6 \\ \hline \end{array}$$

2
$$\begin{array}{r} 36 \\ -\ 16 \\ \hline \end{array} \quad \bigcirc \quad \begin{array}{r} 59 \\ -\ 35 \\ \hline \end{array}$$

3
$$\begin{array}{r} 27 \\ +\ 31 \\ \hline \end{array} \quad \bigcirc \quad \begin{array}{r} 75 \\ -\ 13 \\ \hline \end{array}$$

4
$$\begin{array}{r} 70 \\ -\ 30 \\ \hline \end{array} \quad \bigcirc \quad \begin{array}{r} 58 \\ -\ 20 \\ \hline \end{array}$$

5
$$\begin{array}{r} 88 \\ -\ 23 \\ \hline \end{array} \quad \bigcirc \quad \begin{array}{r} 32 \\ +\ 33 \\ \hline \end{array}$$

6
$$\begin{array}{r} 15 \\ +\ 61 \\ \hline \end{array} \quad \bigcirc \quad \begin{array}{r} 25 \\ +\ 54 \\ \hline \end{array}$$

7~20 계산 결과의 크기를 비교하여 ○ 안에 >, =, <를 알맞게 써넣으세요.

7 $20+20$ ○ $67-30$

14 $49-4$ ○ $23+24$

8 $34+30$ ○ $79-3$

15 $65-32$ ○ $16+13$

9 $26+53$ ○ $95-24$

16 $89-27$ ○ $34+50$

10 $23+32$ ○ $86-30$

17 $74-21$ ○ $41+12$

11 $34+24$ ○ $68-7$

18 $38-6$ ○ $15+23$

12 $42+27$ ○ $75-21$

19 $90-40$ ○ $11+45$

13 $64+22$ ○ $98-12$

20 $98-32$ ○ $41+24$

21~23 계산 결과가 더 큰 것에 ○표 하세요.

21

(　　) (　　)

22

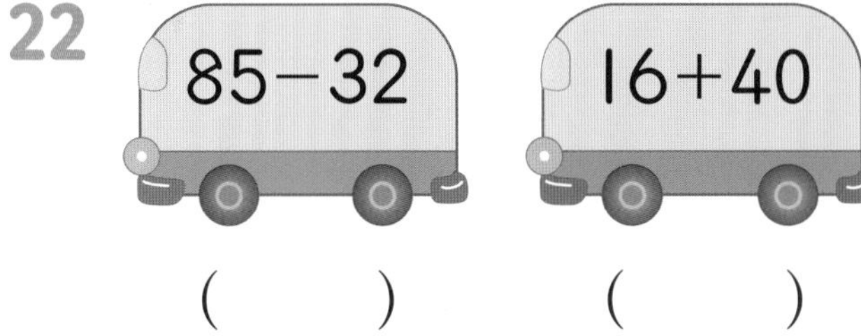

(　　) (　　)

23

(　　) (　　)

24~26 계산 결과가 더 작은 것에 △표 하세요.

24

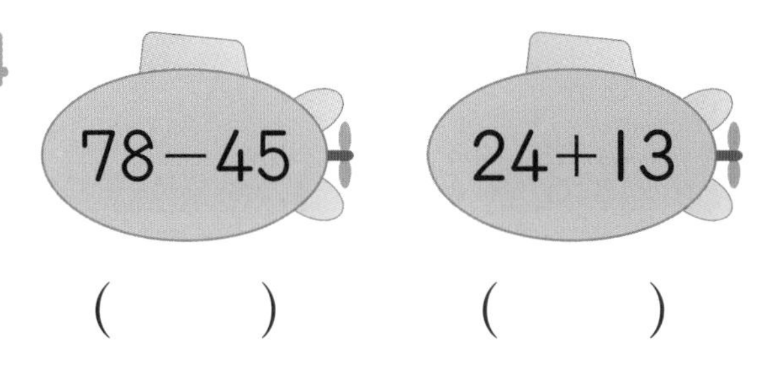

(　　) (　　)

25

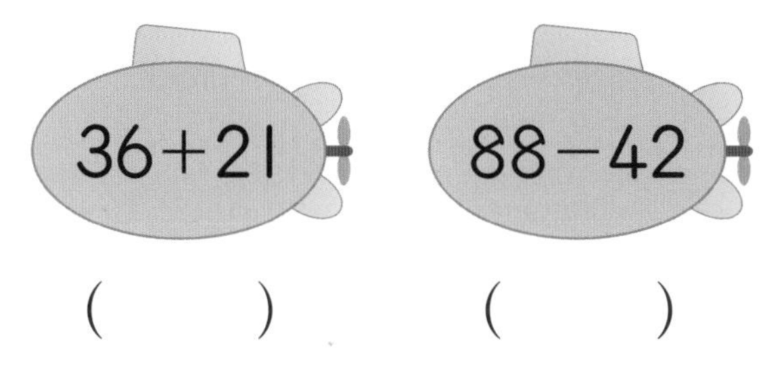

(　　) (　　)

26

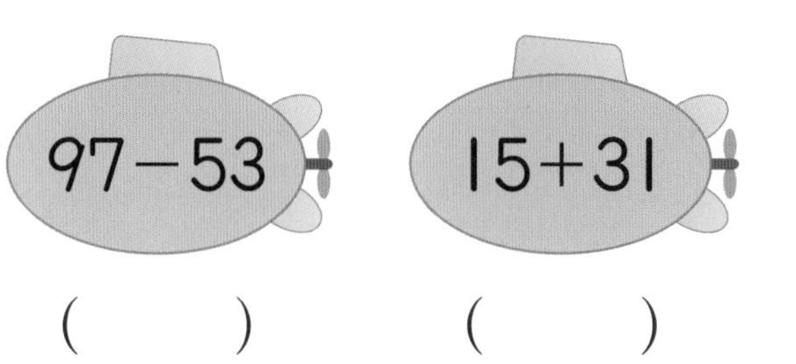

(　　) (　　)

승아는 초록색 색종이 25장, 노란색 색종이 23장을 가지고 있습니다. 민호는 초록색 색종이 13장, 노란색 색종이 32장을 가지고 있습니다. 승아와 민호 중에서 색종이를 더 많이 가지고 있는 친구는 누구인가요?

(승아가 가지고 있는 색종이 수)=□+□=□(장)

(민호가 가지고 있는 색종이 수)=□+□=□(장)

따라서 □>□이므로 색종이를 더 많이 가지고 있는 친구는 □입니다.

가지고 있는 색종이 수 비교하기

답 □

점수의 합 구하기

가현이와 동수는 풍선 터트리기 게임을 하고 있습니다. 풍선을 터트린 자리에 있는 수가 점수일 때 점수의 합이 더 높은 친구를 알아보세요.

8주 4일
정답 확인

오늘 나의 실력을 평가해 봐!

부모님 응원 한마디

마무리 연산

1~2 수 모형을 보고 □ 안에 알맞은 수를 써넣으세요.

1

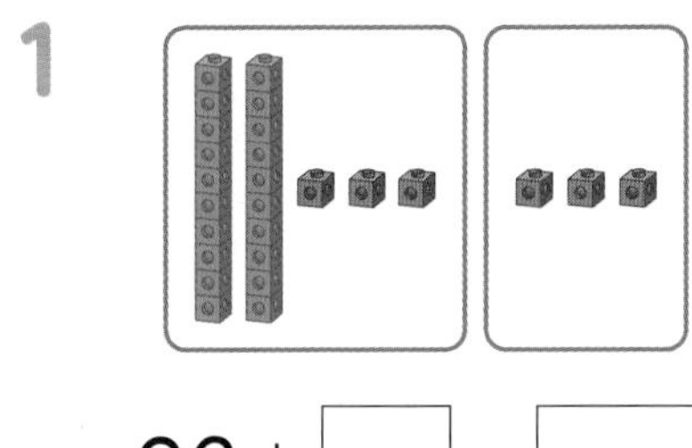

23+□=□

2

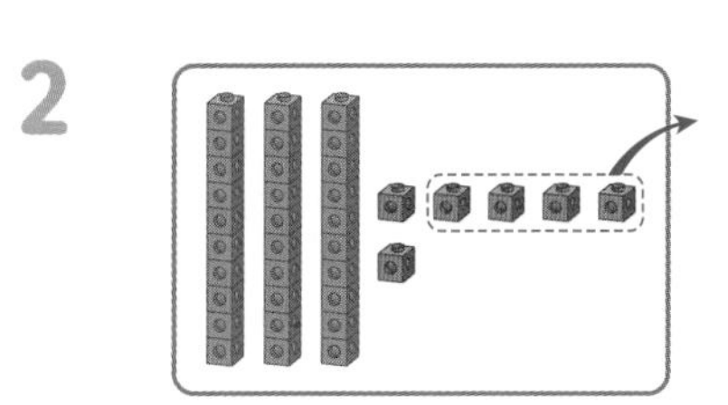

36−□=□

3~8 계산을 하세요.

3
$$\begin{array}{r} 50 \\ +\ \ 8 \\ \hline \end{array}$$

5
$$\begin{array}{r} 34 \\ +\ 52 \\ \hline \end{array}$$

7
$$\begin{array}{r} 65 \\ -\ 44 \\ \hline \end{array}$$

4
$$\begin{array}{r} 27 \\ +\ 40 \\ \hline \end{array}$$

6
$$\begin{array}{r} 46 \\ -\ \ 6 \\ \hline \end{array}$$

8
$$\begin{array}{r} 87 \\ -\ 15 \\ \hline \end{array}$$

9~12 계산을 하세요.

9 25+42

11 78−32

10 63+26

12 69−14

13~17 □ 안에 알맞은 수를 써넣으세요.

13 31 → +7 → □

16

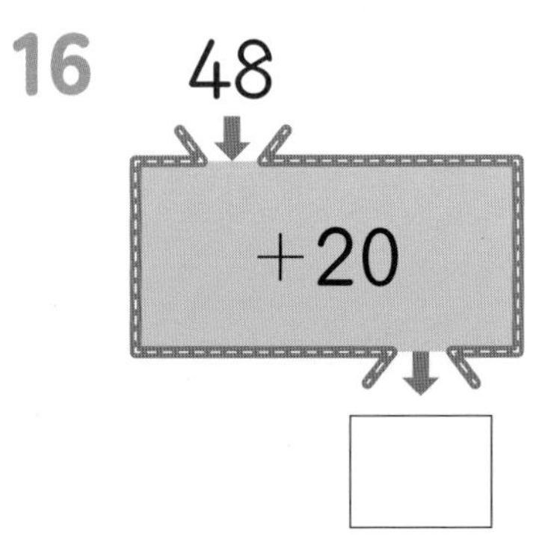

14 54 → +32 → □

17 95 ↓ −54 ↓ □

15 67 → −15 → □

18~21 빈칸에 알맞은 수를 써넣으세요.

18 26, 45 → +30 → □, □

20 36 → +21 → □ / −14 → □

22 □ 안에 알맞은 수를 써넣으세요.

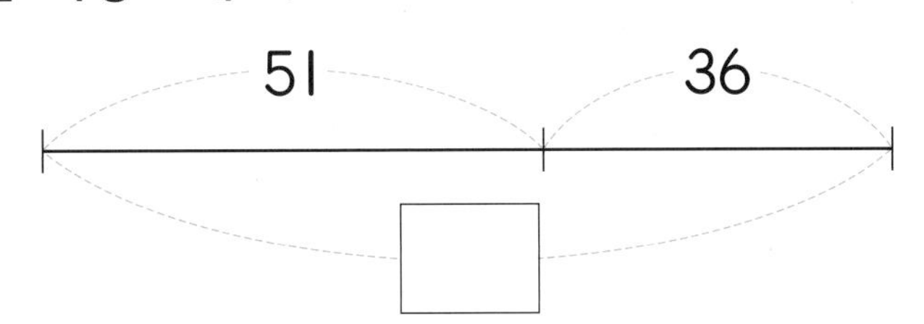

23 가장 큰 수와 가장 작은 수의 차를 구해 보세요.

6　　69　　77

(　　　　　　)

24 계산 결과가 다른 것을 찾아 ×표 하세요.

(　　)　(　　)　(　　)

25 쟁반에 수가 적혀 있습니다. 같은 색 쟁반에 적힌 수끼리의 차를 구해 보세요.

58　27　76　4　30　48

(　　　　　　), (　　　　　　), (　　　　　　)

26~29 알맞은 식을 쓰고, 답을 구해 보세요.

26 닭이 닭장 안에는 19마리, 닭장 밖에는 6마리 있습니다. 닭장 안에 있는 닭은 닭장 밖에 있는 닭보다 몇 마리 더 많은가요?

27 정민이네 반 남학생은 15명이고, 여학생은 14명입니다. 정민이네 반 학생은 모두 몇 명인가요?

28 가영이는 사탕을 37개 가지고 있었는데 그중에서 동생에게 17개를 주었습니다. 가영이에게 남은 사탕은 몇 개인가요?

29 승호는 과녁 맞히기 놀이를 했습니다. 오른쪽 그림은 승호가 맞힌 과녁일 때 승호가 얻은 점수는 모두 몇 점인가요?

식

답

8주 5일
정답 확인

오늘 나의 실력을 평가해 봐!

부모님 응원 한마디

쏙셈

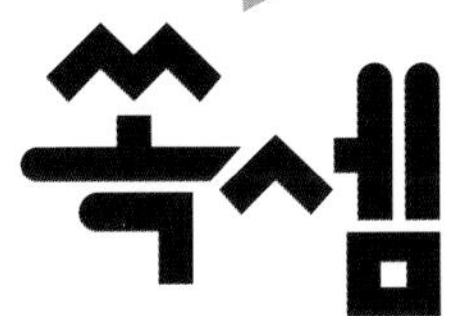

바른답과 학부모 가이드

2권 (1학년 2학기)

하루 한장 쏙셈의 효율적인 학습을 위한 특별 제공

1

쏙셈 2권(1-2) 학습 계획표

“바른답과 학부모 가이드”의 앞표지를 넘기면 ‘학습 계획표’가 있어요. 아이와 함께 학습 계획을 세워 보세요.

2

“바른답과 학부모 가이드”의 뒤표지를 앞으로 넘기면 ‘붙임 학습판’이 있어요. 붙임딱지를 붙여 붙임 학습판의 그림을 완성해 보세요.

3

그날의 학습이 끝나면 ‘정답 확인’ QR 코드를 찍어 학습 인증을 하고 하루템을 모아 보세요.

쏙셈 2권(1-2) 학습 계획표

주차	교과서	학습 내용	학습 계획일	맞힌 개수	목표 달성도
1주	100까지의 수	❶ 몇십	월 일	/19	☺☺☺☺☺
		❷ 99까지의 수	월 일	/21	☺☺☺☺☺
		❸ 100까지 수의 순서(1)	월 일	/29	☺☺☺☺☺
		❹ 100까지 수의 순서(2)	월 일	/23	☺☺☺☺☺
		❺ 두 수의 크기 비교	월 일	/34	☺☺☺☺☺
2주		❻ 세 수의 크기 비교	월 일	/26	☺☺☺☺☺
		❼ 짝수와 홀수	월 일	/29	☺☺☺☺☺
		마무리 연산	월 일	/28	☺☺☺☺☺
	세 수의 덧셈과 뺄셈	❶ 세 수의 덧셈(1)	월 일	/35	☺☺☺☺☺
		❷ 세 수의 덧셈(2)	월 일	/38	☺☺☺☺☺
3주		❸ 세 수의 뺄셈(1)	월 일	/35	☺☺☺☺☺
		❹ 세 수의 뺄셈(2)	월 일	/38	☺☺☺☺☺
		❺ 계산 결과의 크기 비교	월 일	/29	☺☺☺☺☺
		❻ 두 수를 더하기	월 일	/35	☺☺☺☺☺
		❼ 두 수를 바꾸어 더하기	월 일	/25	☺☺☺☺☺
4주		❽ 10이 되는 더하기	월 일	/23	☺☺☺☺☺
		❾ 10에서 빼기	월 일	/24	☺☺☺☺☺
		❿ 앞의 두 수로 10을 만들어 더하기	월 일	/35	☺☺☺☺☺
		⓫ 뒤의 두 수로 10을 만들어 더하기	월 일	/34	☺☺☺☺☺
		⓬ 양 끝의 두 수로 10을 만들어 더하기	월 일	/34	☺☺☺☺☺
5주		마무리 연산	월 일	/34	☺☺☺☺☺
	덧셈구구와 뺄셈구구	❶ 10을 이용하여 모으기와 가르기	월 일	/20	☺☺☺☺☺
		❷ (몇)+(몇)=(십몇)(1)	월 일	/33	☺☺☺☺☺
		❸ (몇)+(몇)=(십몇)(2)	월 일	/34	☺☺☺☺☺
		❹ (십몇)−(몇)=(몇)(1)	월 일	/33	☺☺☺☺☺
6주		❺ (십몇)−(몇)=(몇)(2)	월 일	/34	☺☺☺☺☺
		❻ 계산 결과의 크기 비교	월 일	/29	☺☺☺☺☺
		마무리 연산	월 일	/32	☺☺☺☺☺
	덧셈과 뺄셈	❶ 받아올림이 없는 (두 자리 수)+(한 자리 수)(1)	월 일	/33	☺☺☺☺☺
		❷ 받아올림이 없는 (두 자리 수)+(한 자리 수)(2)	월 일	/34	☺☺☺☺☺
7주		❸ 받아올림이 없는 (두 자리 수)+(두 자리 수)(1)	월 일	/33	☺☺☺☺☺
		❹ 받아올림이 없는 (두 자리 수)+(두 자리 수)(2)	월 일	/35	☺☺☺☺☺
		❺ 그림을 보고 덧셈하기	월 일	/17	☺☺☺☺☺
		❻ 받아내림이 없는 (두 자리 수)−(한 자리 수)(1)	월 일	/33	☺☺☺☺☺
		❼ 받아내림이 없는 (두 자리 수)−(한 자리 수)(2)	월 일	/35	☺☺☺☺☺
8주		❽ 받아내림이 없는 (두 자리 수)−(두 자리 수)(1)	월 일	/32	☺☺☺☺☺
		❾ 받아내림이 없는 (두 자리 수)−(두 자리 수)(2)	월 일	/35	☺☺☺☺☺
		❿ 그림을 보고 뺄셈하기	월 일	/17	☺☺☺☺☺
		⓫ 계산 결과의 크기 비교	월 일	/27	☺☺☺☺☺
		마무리 연산	월 일	/29	☺☺☺☺☺

바른답과 학부모 가이드

2권 (1학년 2학기)

※ 예쁜 붙임딱지를 붙이면서 하루 한장과 함께 즐겁게 공부해 보세요!

교과서 100까지의 수

1주 1일차 ❶ 몇십

1 8 / 80
2 6 / 60
3 7 / 70
4 9 / 90

5 60
6 90
7 80
8 70
9 80
10 70
11 60
12 90

13 칠십, 일흔
14 구십, 아흔
15 팔십, 여든
16 (선 잇기)
17 (선 잇기)
18 (선 잇기)

6, 60 / 60  60

  놀이공원

- 60 ➡ 육십, 예순
- 90 ➡ 구십, 아흔
- 80 ➡ 팔십, 여든
- 50 ➡ 오십, 쉰
- 70 ➡ 칠십, 일흔

1주 2일차 ❷ 99까지의 수

1 73
2 6, 8 / 68
3 8, 4 / 84
4 9, 5 / 95

5 69
6 91
7 86
8 54
9 72
10 8, 3
11 5, 6
12 7, 8
13 6, 5
14 9, 4

15 육십일, 예순하나
16 구십육, 아흔여섯
17 팔십오, 여든다섯
18 쉰다섯에 색칠
19 팔십이에 색칠
20 76에 색칠

7, 74 / 74 답 74

연산 놀이터 답 별빛홀

- 새싹홀 정원: 72명
- 달빛홀 정원: 57명
- 별빛홀 정원: 75명
- 사랑홀 정원: 65명

따라서 별빛홀에 들어가면 됩니다.

1주 3일차 ❸ 100까지 수의 순서(1)

1 52
2 84
3 96
4 63
5 70
6 77
7 55
8 89

9 71, 73
10 94, 97
11 54, 55
12 90, 92
13 62, 64
14 77, 78
15 81, 83
16 72, 74
17 59, 61
18 97, 100
19 87, 88
20 69, 70

21 53, 54 / 56, 59 / 61, 62, 64 / 65, 67
22 83, 84, 87 / 88, 90 / 92, 95, 96 / 98, 99
23 67, 68, 70 / 72, 74 / 75, 77, 78 / 81, 83
24 63, 60
25 86, 85
26 59, 56
27 79, 78, 76
28 71, 69, 68
29 98, 96, 94

연산 놀이터 답

1주 4일차 ❹ 100까지 수의 순서(2)

1 52, 54
2 90, 92
3 68, 70
4 84, 86
5 77, 79
6 98, 100

7 62, 64
8 73, 75
9 97, 100
10 55, 56
11 80, 83
12 58, 60
13 75, 77, 78
14 87, 88, 89
15 68, 71, 72
16 83, 84, 86
17 60, 62, 63
18 91, 92, 95

19
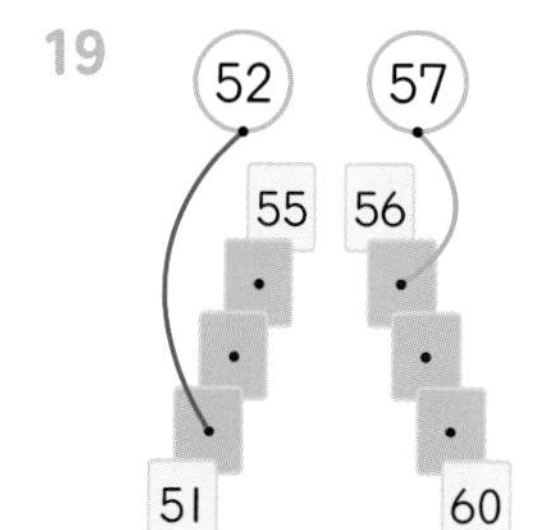

21
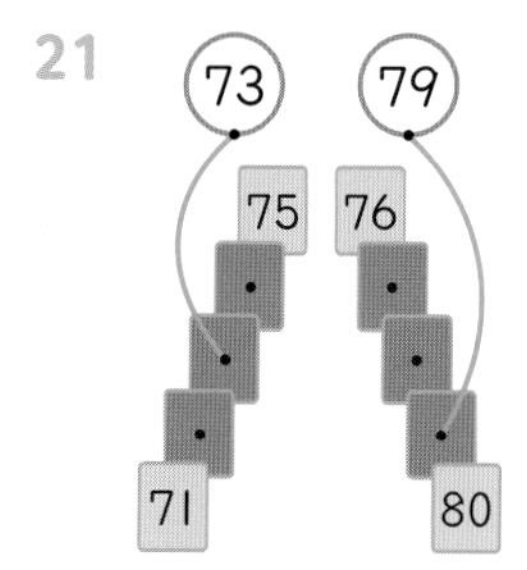

20
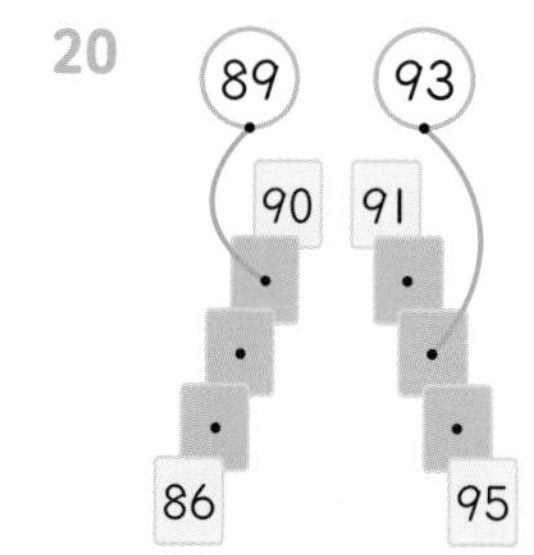

22
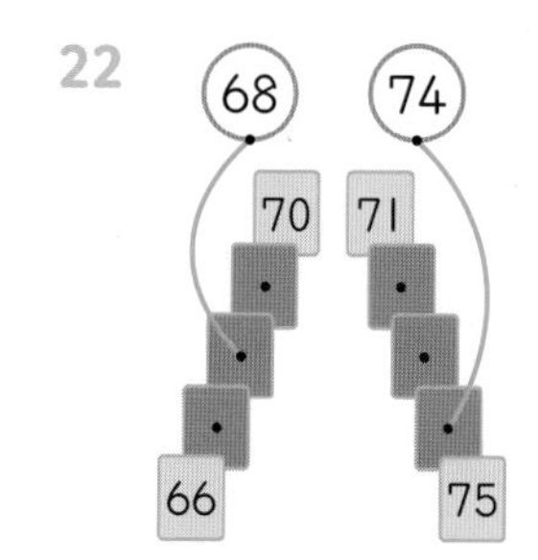

93, 94, 95, 96 / 5 답 5

연산 놀이터 답

1주 5일차 ❺ 두 수의 크기 비교

1 51, 38 / 38, 51
2 74, 79 / 79, 74
3 85, 82 / 82, 85
4 58, 66 / 66, 58

5 $<$	12 $>$	19 $<$
6 $>$	13 $<$	20 $>$
7 $>$	14 $<$	21 $<$
8 $<$	15 $>$	22 $>$
9 $>$	16 $>$	23 $<$
10 $<$	17 $<$	24 $<$
11 $>$	18 $>$	25 $>$

26 58에 색칠
27 83에 색칠
28 86에 색칠
29 69에 색칠
30 65에 색칠
31 92에 색칠
32 58에 색칠
33 79에 색칠

68, $>$, 64 / 볼펜 답 볼펜

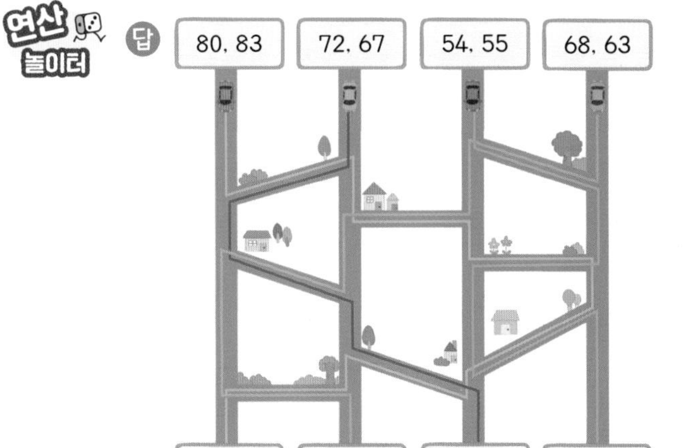

풀이 • $80<83$ • $72>67$
• $54<55$ • $68>63$

2주 1일차 ❻ 세 수의 크기 비교

1 80에 ○표
2 92에 ○표
3 79에 ○표
4 67에 ○표
5 85에 ○표
6 99에 ○표
7 94에 ○표
8 73에 ○표
9 81에 ○표

10 59에 ○표, 54에 △표
11 93에 ○표, 86에 △표
12 74에 ○표, 65에 △표
13 96에 ○표, 81에 △표
14 75에 ○표, 68에 △표
15 97에 ○표, 79에 △표
16 82에 ○표, 80에 △표
17 65에 ○표, 58에 △표
18 59에 ○표, 51에 △표
19 94에 ○표, 86에 △표

20 91, 95, 97
21 69, 73, 77
22 78, 85, 86
23 75, 65, 55
24 79, 74, 68
25 92, 90, 89

86, 78, 75 / 딸기 답 딸기

답
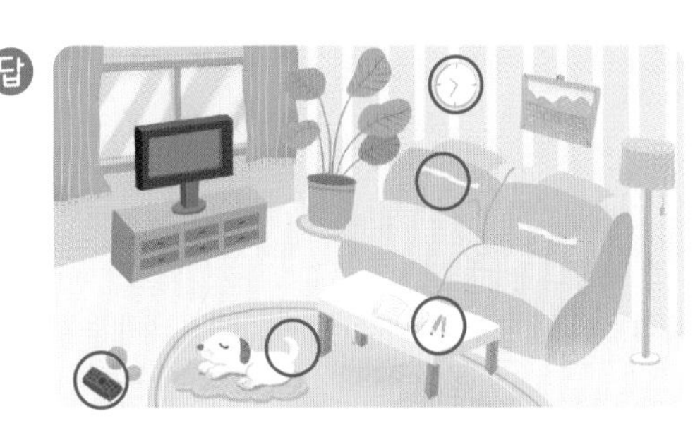

2주 2일차 ❼ 짝수와 홀수

1 9 / 홀수에 ○표
2 12 / 짝수에 ○표
3 16 / 짝수에 ○표
4 13 / 홀수에 ○표

5 홀
6 짝
7 짝
8 홀
9 홀
10 짝
11 짝
12 짝
13 홀
14 짝
15 홀
16 홀
17 짝
18 홀
19 짝
20 홀
21 짝
22 홀

23 14, 60 / 79, 41
24 28, 82 / 55, 31
25 64, 20, 58 / 33
26 52, 46, 10 / 37, 75
27 54, 72 / 15, 91, 39
28 70, 88, 76 / 49, 65

5, 홀수 / 8, 짝수 / 닭  닭

답 22, 48, 30, 56에 ○표 / 4개

2주 3일차 마무리 연산

1 6 / 60
2 8 / 80
3 57
4 82
5 95
6 68
7 67, 69
8 83, 85
9 94, 95, 97
10 74, 76, 77
11 58에 색칠
12 65에 색칠
13 84에 색칠
14 76에 색칠
15 50, 56, 58
16 79, 92, 97
17 99, 94, 91
18 88, 80, 77
19 48, 56, 14 / 33, 75
20 44, 70 / 17, 83, 51
21 19, 35에 ○표
22 육십삼, 예순셋
23 58 / 60, 62, 63 / 66, 67, 70, 71
24 67, 70에 색칠
25 홀수
26 90개
27 79개
28 수호

21 19: 홀수, 60: 짝수, 82: 짝수, 35: 홀수

22 10개씩 묶음 6개와 낱개 3개는 63입니다.
➡ 63은 육십삼 또는 예순셋이라고 읽습니다.

23 56부터 73까지 수의 순서에 맞게 번호가 없는 상자에 번호를 써넣습니다.

24 81>72, 67<72, 74>72, 70<72

25 13은 둘씩 짝을 지을 수 없는 수이므로 홀수입니다.
➡ 연아가 가지고 있는 볼펜 수는 홀수입니다.

26 지우개가 한 상자에 10개씩 9상자 있으므로 지우개는 모두 90개입니다.

27 10개씩 묶음 7개와 낱개 9개는 79입니다.
➡ 현중이가 가지고 있는 빨대는 모두 79개입니다.

28 58, 52, 61의 10개씩 묶음 수를 비교하면 6>5이므로 61이 가장 큽니다.
➡ 고구마를 가장 많이 캔 친구는 수호입니다.

교과서 세 수의 덧셈과 뺄셈

2주 4일차 ❶ 세 수의 덧셈(1)

1 (계산 순서대로) 4, 4, 6 / 6

2 (계산 순서대로) 7, 7, 8 / 8

3 (계산 순서대로) 6, 6, 7 / 7

4 (계산 순서대로) 4, 4, 9 / 9

5 6	12 4	19 7
6 5	13 9	20 9
7 7	14 8	21 8
8 8	15 7	22 6
9 9	16 8	23 9
10 8	17 9	24 7
11 9	18 8	25 9

26 4, 8	31 5
27 7, 9	32 6
28 6, 7	33 9
29 5, 9	34 9
30 4, 8	35 8

연산 놀이터  답 축구공

풀이

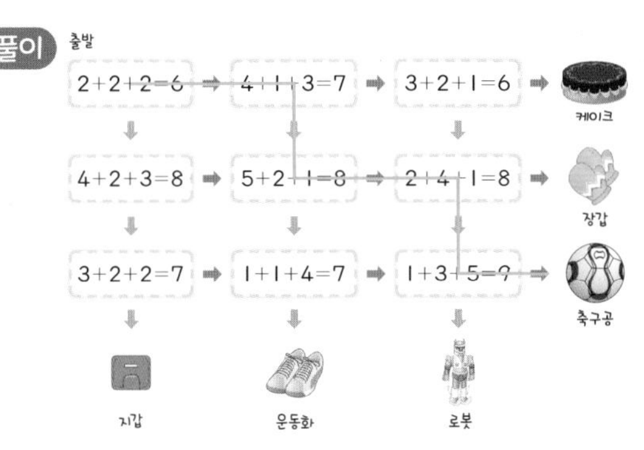

• 2+2+2=6 • 4+1+3=8
• 3+2+1=6 • 4+2+3=9
• 5+2+1=8 • 2+4+1=7
• 3+2+2=7 • 1+1+4=6
• 1+3+5=9

2주 5일차 ❷ 세 수의 덧셈(2)

1 (계산 순서대로) 4, 9, 9

2 (계산 순서대로) 4, 7, 7

3 (계산 순서대로) 3, 8, 8

4 (계산 순서대로) 6, 7, 7

5 (계산 순서대로) 7, 8, 8

6 (계산 순서대로) 7, 9, 9

7 7	14 6	21 8
8 8	15 8	22 8
9 4	16 9	23 9
10 7	17 8	24 5
11 9	18 8	25 8
12 9	19 9	26 9
13 8	20 9	27 7

28 5	33 9
29 8	34 6
30 7	35 8
31 8	36 9
32 9	37 8

연산+ 4, 3, 1 / 4, 3, 1, 8 답 8

연산 놀이터 답 (위에서부터) 4 / 3, 2, 2, 7 / 3, 3, 2, 8 / 3, 2, 1, 6

풀이 (재범이가 얻은 점수)
=2+1+1=4(점)
(유진이가 얻은 점수)
=3+2+2=7(점)
(민재가 얻은 점수)
=3+3+2=8(점)
(송이가 얻은 점수)
=3+2+1=6(점)

3주 1일차 ❸ 세 수의 뺄셈(1)

1 (계산 순서대로) 3, 3, 2 / 2

2 (계산 순서대로) 5, 5, 2 / 2

3 (계산 순서대로) 7, 7, 4 / 4

4 (계산 순서대로) 6, 6, 4 / 4

5 1	12 2	19 2
6 5	13 3	20 0
7 0	14 1	21 2
8 6	15 3	22 1
9 1	16 1	23 4
10 2	17 0	24 3
11 2	18 2	25 1

26 2, 1	31 0
27 4, 2	32 3
28 6, 3	33 4
29 6, 2	34 1
30 2, 1	35 5

연산 놀이터 답 ②

풀이

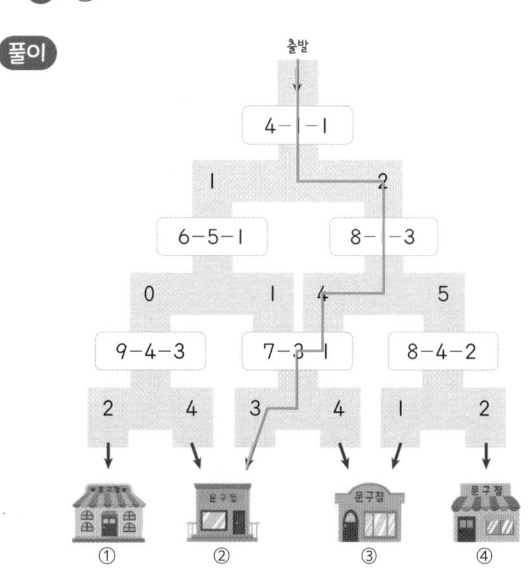

•4−1−1=2 •6−5−1=0

•8−1−3=4 •9−4−3=2

•7−3−1=3 •8−4−2=2

3주 2일차 ❹ 세 수의 뺄셈(2)

1 (계산 순서대로) 2, 0, 0

2 (계산 순서대로) 7, 5, 5

3 (계산 순서대로) 5, 2, 2

4 (계산 순서대로) 5, 1, 1

5 (계산 순서대로) 4, 3, 3

6 (계산 순서대로) 5, 2, 2

7 3	14 0	21 1
8 4	15 4	22 0
9 1	16 3	23 2
10 2	17 1	24 5
11 0	18 2	25 0
12 7	19 1	26 1
13 3	20 0	27 4

28 1	33 3
29 5	34 2
30 2	35 2
31 4	36 1
32 3	37 4

연산+

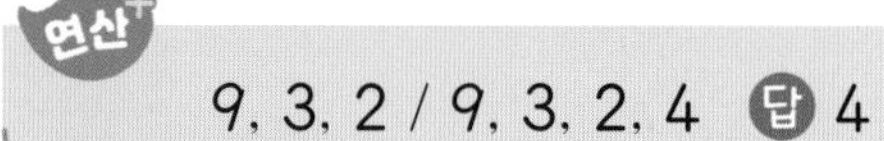

답

3주 3일차 ❺ 계산 결과의 크기 비교

1 >, 8
2 6, =
3 <, 8
4 7, <
5 4, >
6 <, 2
7 4, >
8 <, 3

9 <
10 <
11 >
12 =
13 >
14 <
15 >
16 <
17 =
18 >
19 <
20 >
21 >
22 <

23 3+5+1에 ○표
24 1+5+2에 ○표
25 4+2+2에 ○표
26 7−2−4에 △표
27 6−2−2에 △표
28 7−4−1에 △표

2, 1, 3, 6 / 1, 2, 1, 4 / 6, 4, 1  1

연산 놀이터 답

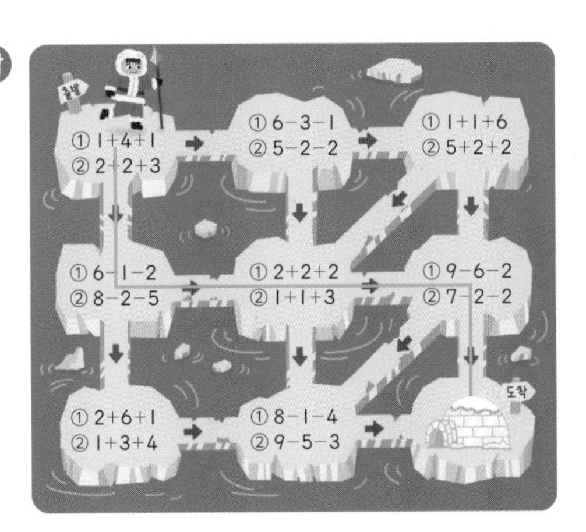

풀이
- ① 1+4+1=6 ② 2+2+3=7
- ① 6−3−1=2 ② 5−2−2=1
- ① 1+1+6=8 ② 5+2+2=9
- ① 6−1−2=3 ② 8−2−5=1
- ① 2+2+2=6 ② 1+1+3=5
- ① 9−6−2=1 ② 7−2−2=3
- ① 2+6+1=9 ② 1+3+4=8
- ① 8−1−4=3 ② 9−5−3=1

3주 4일차 ❻ 두 수를 더하기

1 12
2 15
3 11
4 13
5 14
6 13

7 12
8 11
9 16
10 11
11 14
12 16
13 12
14 11
15 14
16 15
17 12
18 16
19 13
20 11
21 13
22 11
23 13
24 14
25 11
26 17
27 15

28 15
29 12
30 14
31 13
32 12
33 17
34 15

7, 4 / 7, 4, 11 답 11

 이진주

① 9+9=18(이)
② 5+6=11(진)
③ 7+8=15(주)
따라서 도둑의 이름은 이진주입니다.

3주 5일차 ❼ 두 수를 바꾸어 더하기

1 12, 12
2 15, 15
3 11, 11
4 14, 14

5 8
6 4
7 5
8 2
9 6
10 4
11 3
12 5
13 7
14 6
15 8
16 9
17 9
18 5

19 11, 11
20 17, 17
21 15, 15
22
23
24

같으므로에 ○표, 9 / 9 답 9

답

4주 1일차 ❽ 10이 되는 더하기

1 5
2 8
3 3
4 4

5 ○○○○○ ○○○○○ / 6
6 ○○○○○ ○○○○○ / 3
7 ○○○○○ ○○○○○ / 2
8 ○○○○○ ○○○○○ / 5
9 ○○○○○ ○○○○○ / 7
10 7
11 9
12 5
13 4
14 3
15 8
16 9

17 1
18 7
19 5
20 7, 3에 색칠
21 6, 4에 색칠
22 8, 2에 색칠

4, 10 / 4, 6, 10 / 6 답 6

답 9, 4, 5, 2

- $1+9=10$ ➡ ①: 9
- $4+6=10$ ➡ ②: 4
- $5+5=10$ ➡ ③: 5
- $2+8=10$ ➡ ④: 2

4주 2일차 ❾ 10에서 빼기

1 4

2 8

3 5

4 예 ○○○○○ / ○ØØØØ / 6

5 예 ○○○○○ / ○○○○Ø / 9

6 예 ○○ØØØ / ØØØØØ / 2

7 예 ○○○○Ø / ØØØØØ / 4

8 예 ○○○○○ / ○○○ØØ / 8

9 8

10 1

11 6

12 7

13 2

14 5

15 7

16 6

17 8

18 1

19 5

20 10−1=□에 ○표

21 10−2=□에 ○표

22 10−4=□에 ○표

23 10−7=□에 ○표

10, 7 / 10, 3, 7 / 3 답 3

연산 놀이터 답 나 빌딩

① 10−6=4 ➡ 짝수
② 10−9=1 ➡ 홀수
③ 10−8=2 ➡ 짝수
④ 10−5=5 ➡ 홀수
⑤ 10−7=3 ➡ 홀수
⑥ 10−2=8 ➡ 짝수
⑦ 10−1=9 ➡ 홀수
⑧ 10−3=7 ➡ 홀수

4주 3일차 ❿ 앞의 두 수로 10을 만들어 더하기

1 (계산 순서대로) 10, 15, 15
2 (계산 순서대로) 10, 14, 14
3 (계산 순서대로) 10, 17, 17
4 (계산 순서대로) 10, 16, 16
5 (계산 순서대로) 10, 12, 12
6 (계산 순서대로) 10, 19, 19

7 13
8 14
9 11
10 13
11 16
12 18
13 15
14 18
15 15
16 11
17 14
18 15
19 12
20 17
21 19
22 14
23 17
24 12
25 15
26 19
27 18

28 18
29 13
30 15
31 14

32 (선 잇기)
33 (선 잇기)
34 (선 잇기)

7, 3, 6 / 7, 3, 6, 16 답 16

답

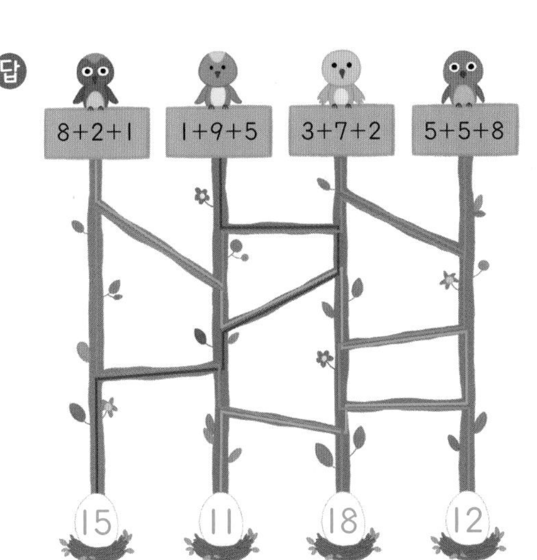

풀이 •8+2+1=11 •1+9+5=15
•3+7+2=12 •5+5+8=18

4주 4일차 ⑪ 뒤의 두 수로 10을 만들어 더하기

1 (계산 순서대로) 10, 14, 14

2 (계산 순서대로) 10, 11, 11

3 (계산 순서대로) 10, 18, 18

4 (계산 순서대로) 10, 16, 16

5 (계산 순서대로) 10, 13, 13

6 (계산 순서대로) 10, 17, 17

7	13	14	12	21	15
8	11	15	19	22	16
9	18	16	15	23	13
10	14	17	13	24	11
11	17	18	14	25	18
12	16	19	15	26	15
13	15	20	13	27	19

28	15	31	11
29	18	32	19
30	14	33	12

3, 4, 6 / 3, 4, 6, 13 답 13

연산 놀이터 답

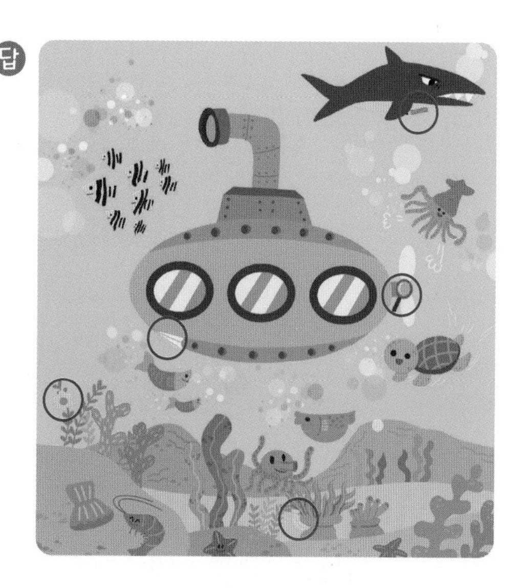

4주 5일차 ⑫ 양 끝의 두 수로 10을 만들어 더하기

1 (계산 순서대로) 10, 12, 12

2 (계산 순서대로) 10, 16, 16

3 (계산 순서대로) 10, 11, 11

4 (계산 순서대로) 10, 18, 18

5 (계산 순서대로) 10, 17, 17

6 (계산 순서대로) 10, 15, 15

7	15	14	16	21	17
8	13	15	13	22	19
9	16	16	19	23	16
10	11	17	16	24	14
11	17	18	14	25	12
12	14	19	17	26	15
13	12	20	15	27	18

28 6, 4를 ◯로 묶기 / 12

29 5, 5를 ◯로 묶기 / 19

30 2, 8을 ◯로 묶기 / 11

31 7, 3을 ◯로 묶기 / 14

32 1, 9를 ◯로 묶기 / 16

33 2, 8을 ◯로 묶기 / 13

3, 4, 7 / 3, 4, 7, 14 답 14

연산 놀이터 답 (위에서부터) 사, 공, 많, 배, 산, 간

풀이
- 배: 3+1+7=11
- 사: 2+5+8=15
- 간: 6+9+4=19
- 공: 7+8+3=18
- 많: 5+6+5=16
- 산: 9+3+1=13

5주 1일차 마무리 연산

1 2　2 7　3 9

4 1　5 14　6 13

7 16　8 17　9 12

10 18　11 8　12 6

13 1　14 4　15 9

16 3　17 1　18 12

19 17　20 14

21 6+7에 ○표　22 9+6에 ○표

23 7+8에 ○표　24 8+2+4에 ○표

25 8+3+7에 ○표　26 6+4+7에 ○표

27 2+7+8=18에 ×표

28 3+7, 8+2에 색칠

29 1　30 ㉡

31 3+2+3=8 / 8명

32 7+9=16 / 16병

33 10−5=5 / 5개

34 1+4+9=14 / 14층

27 4+2+1=7, 10−2=8, 2+7+8=17

28 5+4=9, 3+7=10, 2+9=11, 8+2=10

29 5>3>1이므로 가장 큰 수는 5입니다.
➡ 5−3−1=1

30 ㉠ 5+5+4=14　㉡ 3+4+6=13

31 (운동장에 있는 학생 수)
=3+2+3=8(명)

32 (상자 안에 있는 주스 수)
=7+9=16(병)

33 (남은 만두 수)=10−5=5(개)

34 (나리가 내린 층수)=1+4+9=14(층)

교과서 **덧셈구구와 뺄셈구구**

5주 2일차 ❶ 10을 이용하여 모으기와 가르기

1 (왼쪽에서부터) 13 / 13, 3

2 (왼쪽에서부터) 11 / 11, 1

3 (왼쪽에서부터) 16 / 16, 6

4 (왼쪽에서부터) 16 / 16, 6

5 (왼쪽에서부터) 17 / 17, 7

6 (왼쪽에서부터) 12 / 12, 2

7 (왼쪽에서부터) 14 / 14, 4

8 (왼쪽에서부터) 11 / 11, 1

9 (왼쪽에서부터) 13 / 13, 3

10 (왼쪽에서부터) 15 / 15, 5

11 (왼쪽에서부터) 18 / 18, 8

12 (왼쪽에서부터) 12 / 12, 2

13 (왼쪽에서부터) 14 / 14, 4

14 13, 3　17 14, 4

15 12, 2　18 15, 5

16 15, 5　19 13, 3

(왼쪽에서부터) 14 / 14, 4 / 4 답 4

답 고모

풀이 ①

9	16	13
11	8	12
4	15	3
14	18	7
2	10	5

②

2	7	5
11	13	9
15	4	14
8	17	18
6	16	3

따라서 선물을 보낸 사람은 고모입니다.

5주 3일차 ❷ (몇)+(몇)=(십몇)(1)

1 (위에서부터) 12 / 2

2 (위에서부터) 14 / 4

3	11	10	12	17	16
4	12	11	14	18	13
5	15	12	13	19	14
6	12	13	11	20	16
7	17	14	15	21	12
8	14	15	13	22	11
9	12	16	11	23	15

24	11	29	13
25	13	30	11
26	17	31	14
27	12	32	11
28	15	33	16

연산 놀이터 답

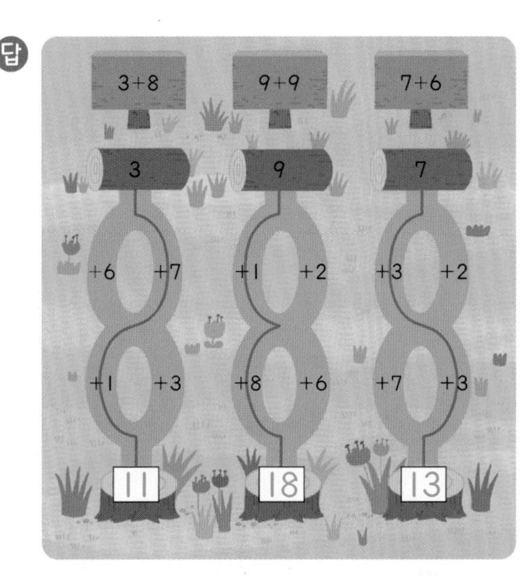

풀이
• 3+8=11 (8 → 7, 1)
• 9+9=18 (9 → 1, 8)
• 7+6=13 (6 → 3, 3)

5주 4일차 ❸ (몇)+(몇)=(십몇)(2)

1 (위에서부터) 13 / 3

2 (위에서부터) 16 / 1

3 (위에서부터) 11 / 2

4 (위에서부터) 12 / 2

5 (위에서부터) 11 / 1

6 (위에서부터) 15 / 1

7	12	14	13	21	12
8	15	15	12	22	17
9	13	16	14	23	11
10	11	17	16	24	13
11	13	18	11	25	14
12	17	19	18	26	11
13	15	20	12	27	15

28

7+9=16			8	4
2	8	6	12	5
5	3	7+4=11		
7+7=14			6	9

31

9+8=17			3	9
5	4	8	7	10
6	3	2+9=11		
7	5	8	5	12

29

8	2	13	5	6
7+5=12			6	3
1	8	10	5	4
11	8+6=14			9

32

1	5	3	6	2
12	7+8=15			7
8	3	10	7	4
7	6	5+9=14		

30

2	9+5=14			7
3+8=11			7	5
1	6	9	4	2
4	7	9+6=15		

33

5	9	6+5=11		
4	1	14	10	8
6+7=13			5	7
6	8+8=16			8

8, 3 / 8, 3, 11 답 11

답

5주 5일차 ❹ (십몇)−(몇)=(몇)(1)

1 (위에서부터) 8 / 3

2 (위에서부터) 7 / 6

3 8
4 4
5 9
6 7
7 8
8 5
9 6
10 9
11 4
12 7
13 2
14 9
15 8
16 6
17 9
18 5
19 6
20 3
21 9
22 4
23 9

24 8
25 5
26 8
27 7
28 9
29 6
30 5
31 7
32 9
33 7

답

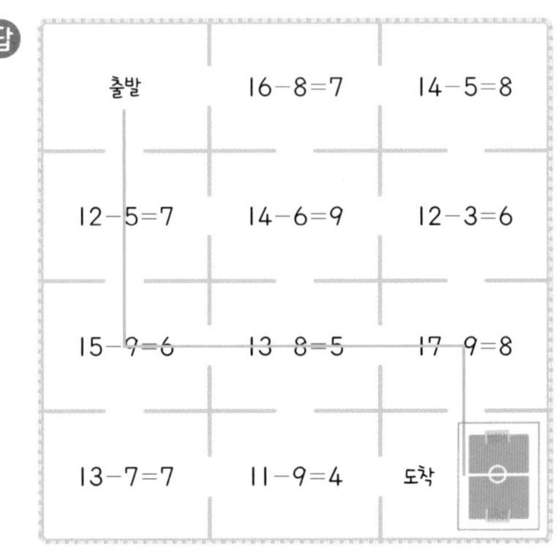

풀이
- 16−8=8
- 12−5=7
- 12−3=9
- 13−8=5
- 13−7=6
- 14−5=9
- 14−6=8
- 15−9=6
- 17−9=8
- 11−9=2

6주 1일차 ❺ (십몇)−(몇)=(몇)(2)

1 (위에서부터) 9 / 5

2 (위에서부터) 3 / 1

3 (위에서부터) 7 / 4

4 (위에서부터) 3 / 2

5 (위에서부터) 8 / 7

6 (위에서부터) 6 / 3

7 9
8 5
9 7
10 6
11 8
12 6
13 8
14 8
15 7
16 9
17 5
18 2
19 7
20 9
21 8
22 5
23 8
24 4
25 9
26 5
27 7

28

11−3=8			7	5
4	14−7=7			6
2	9	8	4	2
12−8=4			9	1

31

13	5	7	4	9
4	16−9=7			8
7	1	4	9	11
3	8	12−4=8		

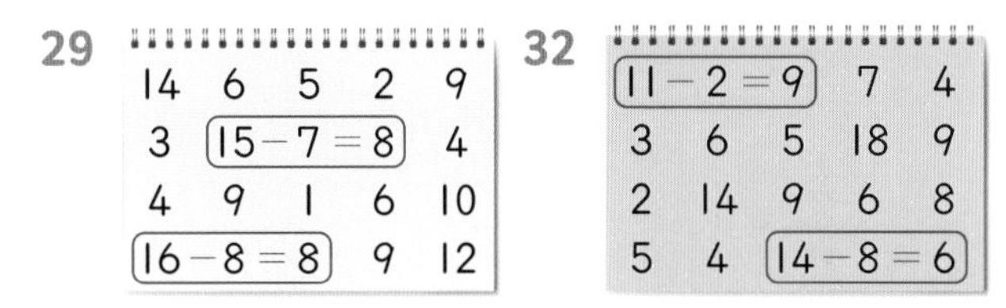

29

14	6	5	2	9
3	15−7=8			4
4	9	1	6	10
16−8=8			9	12

32

11−2=9			7	4
3	6	5	18	9
2	14	9	6	8
5	4	14−8=6		

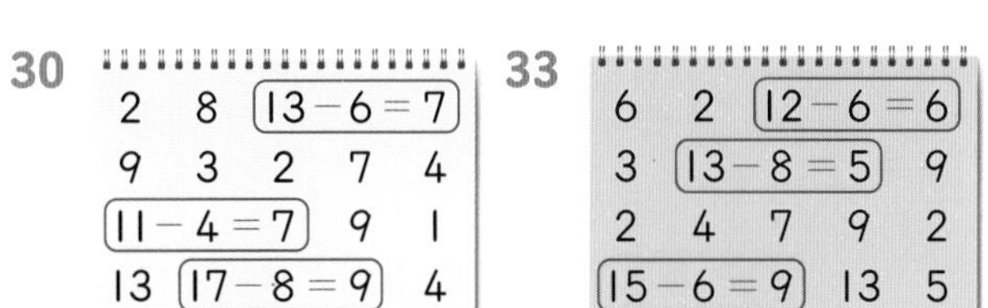

30

2	8	13−6=7		
9	3	2	7	4
11−4=7			9	1
13	17−8=9			4

33

6	2	12−6=6		
3	13−8=5			9
2	4	7	9	2
15−6=9			13	5

14, 5 / 14, 5, 9 답 9

답

6주 2일차 ❻ 계산 결과의 크기 비교

1 6+9=15 ◎ / 5+8=13 ○
2 9+4=13 ○ / 5+9=14 ◎
3 6+8=14 ○ / 9+7=16 ◎
4 12−4=8 ◎ / 14−9=5 ○
5 13−6=7 ◎ / 15−9=6 ○
6 11−7=4 ○ / 12−6=6 ◎

7 <
8 >
9 =
10 <
11 >
12 <
13 >
14 >
15 >
16 <
17 <
18 >
19 =
20 <

21 5+8에 색칠
22 15−6에 색칠
23 9+8에 색칠
24 18−9에 색칠
25 12−8에 색칠
26 9+2에 색칠
27 13−7에 색칠
28 5+7에 색칠

7, 6, 13 / 4, 8, 12 / 13, 12, 유미
답 유미

답 광수: 9, 은미: 8

풀이
누리: 5+8=13
광수: 두 수의 합이 13보다 커야 합니다.
➡ 6+9=15
기현: 9+3=12
은미: 두 수의 합이 12보다 커야 합니다.
➡ 5+8=13

6주 3일차 마무리 연산

1 6
2 8
3 14
4 11
5 15
6 6
7 8
8 9
9 <
10 >
11 <
12 >
13 =
14 <
15 12, 2
16 15, 5
17 13
18 15
19 4
20 9
21 (위에서부터) 11, 16
22 (위에서부터) 12, 17
23 (위에서부터) 6, 5
24 (위에서부터) 9, 7
25 방법 1 (위에서부터) 17 / 2
방법 2 (위에서부터) 17 / 1
26 ㉡
27 5+8, 7+6에 색칠
28 9
29 6+8=14 / 14명
30 15−7=8 / 8개
31 5+6=11 / 11명
32 16−9=7 / 7표

25 뒤의 수 또는 앞의 수를 가르기 하여 10을 만든 후 계산합니다.

26 ㉠ 7+8=15 ㉡ 13−9=4

27 5+8=13, 7+7=14, 7+6=13, 8+4=12

28 14>12>6>5이므로 가장 큰 수는 14, 가장 작은 수는 5입니다. ➡ 14−5=9

29 (수영장에 있는 어린이 수)
=(처음 어린이 수)+(더 온 어린이 수)
=6+8=14(명)

30 (참외 수)−(복숭아 수)=15−7=8(개)

31 (안경을 낀 학생 수)
=(안경을 낀 남학생 수)+(안경을 낀 여학생 수)
=5+6=11(명)

32 (지수가 얻은 득표수)−(경훈이가 얻은 득표수)
=16−9=7(표)

6주 4일차 ❶ 받아올림이 없는 (두 자리 수)+(한 자리 수) (1)

1 19　3 57　5 24
2 38　4 46　6 76

7 39　12 59　17 66
8 24　13 39　18 95
9 58　14 87　19 58
10 73　15 47　20 86
11 68　16 28　21 78

22 19　29 29
23 48　30 73
24 84　31 69
25 77　32 56
26 54　33 47
27 38
28 99

연산 놀이터 답 ③

풀이

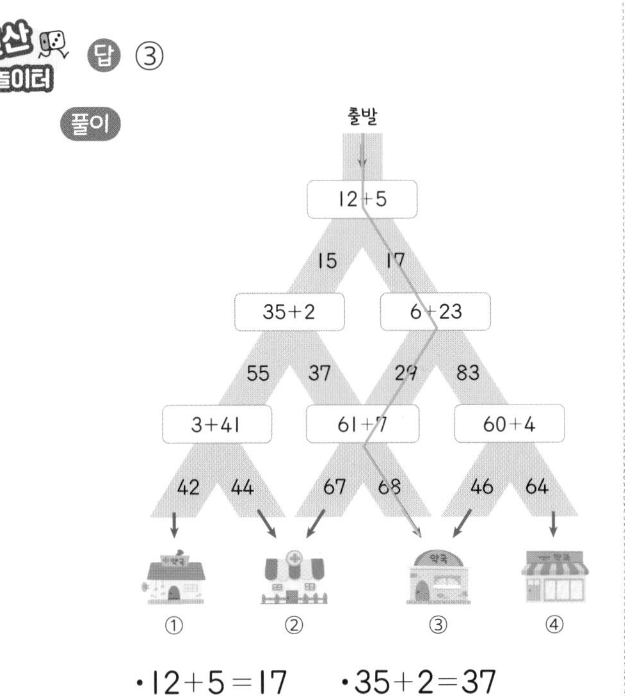

- 12+5=17　• 35+2=37
- 6+23=29　• 3+41=44
- 61+7=68　• 60+4=64

6주 5일차 ❷ 받아올림이 없는 (두 자리 수)+(한 자리 수) (2)

1 46　4 63　7 48
2 27　5 78　8 98
3 36　6 57　9 79

10 28　15 74　20 25
11 77　16 27　21 58
12 39　17 59　22 45
13 49　18 67　23 86
14 86　19 96　24 19
25 46
26 79

27 37　31 (위에서부터) 45, 49
28 88　32 (위에서부터) 56, 52
29 65　33 (위에서부터) 29, 68
30 46

연산+ 31, 8 / 31, 8, 39 답 39

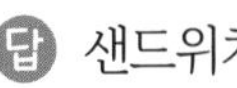

연산 놀이터 답 샌드위치

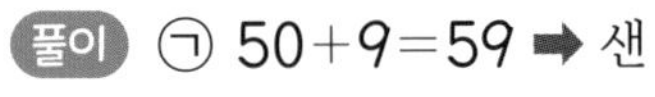

풀이 ㉠ 50+9=59 ➡ 샌
㉡ 43+5=48 ➡ 드
㉢ 7+71=78 ➡ 위
㉣ 84+3=87 ➡ 치
따라서 완성되는 단어는 샌드위치입니다.

7주 1일차 ❸ 받아올림이 없는 (두 자리 수)+(두 자리 수)(1)

1 36　3 68　5 93
2 57　4 55　6 89

7 49　12 53　17 77
8 68　13 46　18 63
9 56　14 95　19 79
10 84　15 39　20 83
11 65　16 98　21 98

22 58　29 79
23 61　30 58
24 88　31 61
25 79　32 87
26 48　33 98
27 65
28 97

답

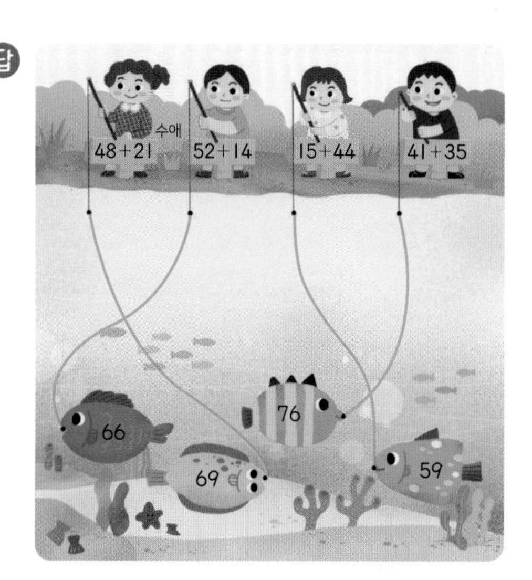

풀이 •48+21=69　•52+14=66
•15+44=59　•41+35=76

7주 2일차 ❹ 받아올림이 없는 (두 자리 수)+(두 자리 수)(2)

1 28　4 59　7 70
2 80　5 93　8 68
3 64　6 57　9 96

10 39　15 78　20 47
11 67　16 35　21 50
12 56　17 64　22 74
13 30　18 77　23 68
14 83　19 98　24 89
25 56
26 78

27 66　31 55, 86
28 47　32 45, 73
29 83　33 66, 89
30 78　34 48, 90

연산+

25, 31 / 25, 31, 56 답 56

답 아라: 71장, 현석: 66장

풀이 (아라가 필요한 칭찬 붙임 딱지 수)
=40+31=71(장)
(현석이가 필요한 칭찬 붙임 딱지 수)
=34+32=66(장)

7주 3일차 ❺ 그림을 보고 덧셈하기

1 12, 34
2 40, 54
3 13, 43
4 23, 55

5 11, 18
6 14, 29
7 25, 45
8 21, 32
9 13, 19
10 20, 32
11 24, 37
12 23, 48

13 10, 27 / 10, 27
14 23, 16, 39 / 16, 23, 39
15 14, 31, 45 / 31, 14, 45
16 21, 27, 48 / 27, 21, 48

12, 14 / 12, 14, 26  26

답

7주 4일차 ❻ 받아내림이 없는 (두 자리 수)−(한 자리 수)(1)

1 25
2 74
3 63
4 41
5 50
6 32

7 36
8 92
9 70
10 15
11 52
12 43
13 21
14 54
15 81
16 92
17 62
18 30
19 46
20 75
21 87

22 12
23 64
24 31
25 93
26 21
27 40
28 75
29 31
30 60
31 17
32 91
33 85

답

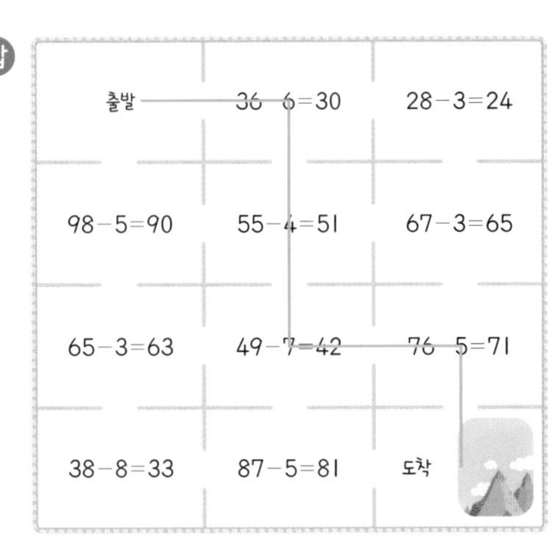

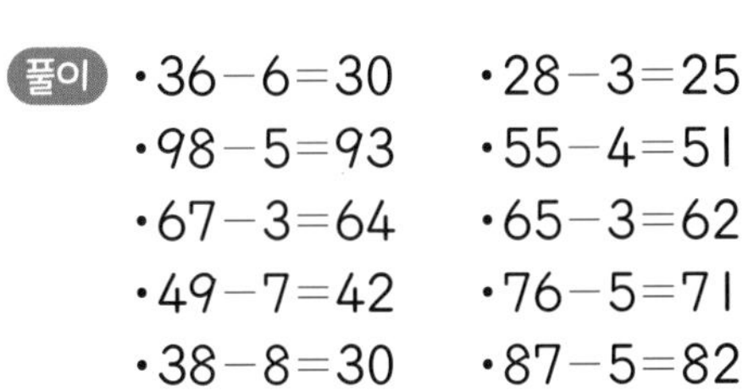
풀이
• 36−6=30 • 28−3=25
• 98−5=93 • 55−4=51
• 67−3=64 • 65−3=62
• 49−7=42 • 76−5=71
• 38−8=30 • 87−5=82

7주 5일차 ❼ 받아내림이 없는 (두 자리 수)－(한 자리 수) (2)

1 31　　4 61　　7 27
2 83　　5 10　　8 93
3 55　　6 42　　9 74

10 14　　15 57　　20 26
11 56　　16 22　　21 73
12 60　　17 83　　22 40
13 92　　18 34　　23 54
14 43　　19 71　　24 92
25 34
26 81

27 43　　31 53, 34
28 24　　32 72, 23
29 80　　33 84, 52
30 73　　34 90, 44

17, 6 / 17, 6, 11 답 11

답

8주 1일차 ❽ 받아내림이 없는 (두 자리 수)－(두 자리 수) (1)

1 16　　3 63　　5 45
2 20　　4 14　　6 32

7 20　　12 57　　17 35
8 54　　13 21　　18 70
9 30　　14 42　　19 16
10 25　　15 30　　20 41
11 13　　16 43　　21 52

22 22　　29 65
23 13　　30 10
24 20　　31 24
25 36　　32 57
26 61
27 53
28 64

연산 놀이터

답

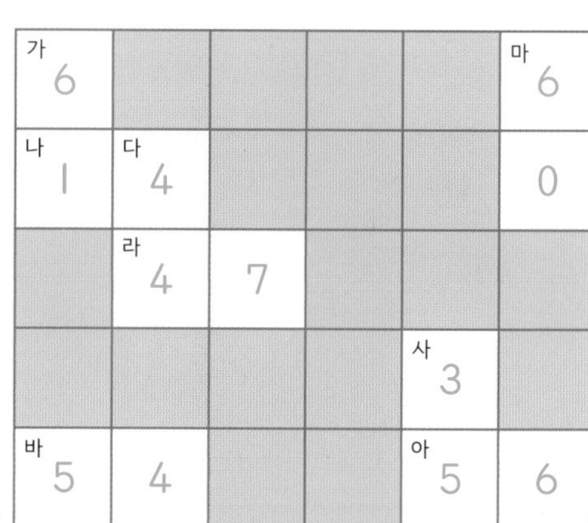

가 6					마 6
나 1	다 4				0
	라 4	7			
				사 3	
바 5	4			아 5	6

풀이 가로 열쇠

나 47－33＝14　　라 98－51＝47
바 68－14＝54　　아 76－20＝56

세로 열쇠

가 91－30＝61　　다 56－12＝44
마 86－26＝60　　사 79－44＝35

8주 2일차 ❾ 받아내림이 없는 (두 자리 수)−(두 자리 수)(2)

1 23　2 40　3 20
4 45　5 8　6 51
7 6　8 25　9 54

10 31　11 20　12 54　13 3　14 40
15 15　16 61　17 7　18 52　19 24
20 13　21 10　22 30　23 52　24 44　25 27　26 71

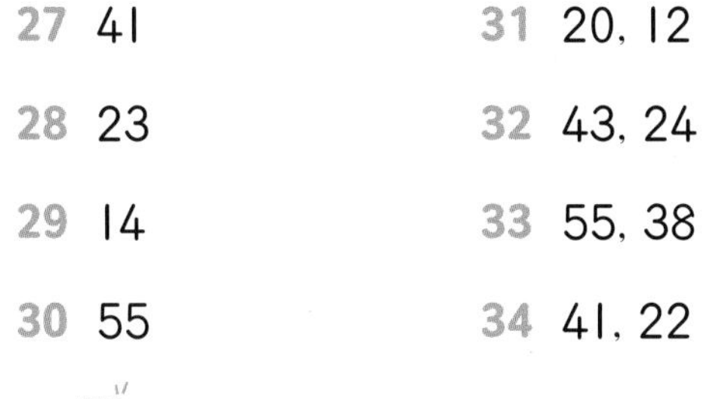

27 41　28 23　29 14　30 55
31 20, 12　32 43, 24　33 55, 38　34 41, 22

연산+ 69, 12 / 69, 12, 57 답 57

연산 놀이터 답 김하람

풀이 ① 38−15=23(김)
② 67−20=47(하)
③ 98−43=55(람)
따라서 도둑의 이름은 김하람입니다.

8주 3일차 ❿ 그림을 보고 뺄셈하기

1 26, 23　2 22, 12
3 14, 30　4 36, 12

5 11, 8　6 23, 2　7 26, 13　8 20, 10
9 18, 4　10 6, 10　11 10, 15　12 33, 11

13 빨간색에 ○표 / 6　14 파란색에 ○표 / 10
15 초록색에 ○표 / 3　16 보라색에 ○표 / 14

연산+ 16, 5 / 16, 5, 11 답 11

연산 놀이터 답

8주 4일차 ⑪ 계산 결과의 크기 비교

1 19, 17 / >
2 20, 24 / <
3 58, 62 / <
4 40, 38 / >
5 65, 65 / =
6 76, 79 / <

7 >
8 <
9 >
10 <
11 <
12 >
13 =
14 <
15 >
16 <
17 =
18 <
19 <
20 >

21 68−5에 ○표
22 16+40에 ○표
23 53+22에 ○표
24 78−45에 △표
25 88−42에 △표
26 97−53에 △표

25, 23, 48 / 13, 32, 45 / 48, 45, 승아
답 승아

답 가현

풀이 (가현이의 점수)=17+31=48(점)
(동수의 점수)=23+22=45(점)
따라서 48>45이므로 점수의 합이 더 높은 친구는 가현이입니다.

8주 5일차 마무리 연산

1 3, 26
2 4, 32
3 58
4 67
5 86
6 40
7 21
8 72
9 67
10 89
11 46
12 55
13 38
14 86
15 52
16 68
17 41
18 75, 56
19 64, 26
20 57, 22
21 88, 11
22 87
23 71
24 14+40에 ×표
25 54, 21, 46
26 19−6=13 / 13마리
27 15+14=29 / 29명
28 37−17=20 / 20개
29 20+15=35 / 35점

22 51+36=87

23 77>69>6이므로 가장 큰 수는 77이고, 가장 작은 수는 6입니다.
➡ 77−6=71

24 52+3=55, 14+40=54, 21+34=55
따라서 계산 결과가 다른 것은 14+40입니다.

25 • 초록색 쟁반: 58−4=54
• 노란색 쟁반: 48−27=21
• 분홍색 쟁반: 76−30=46

26 (닭장 안에 있는 닭 수)−(닭장 밖에 있는 닭 수)
=19−6=13(마리)

27 (정민이네 반 학생 수)
=(정민이네 반 남학생 수)+(정민이네 반 여학생 수)
=15+14=29(명)

28 (가영이에게 남은 사탕 수)
=(가지고 있던 사탕 수)−(동생에게 준 사탕 수)
=37−17=20(개)

29 (승호가 얻은 점수)
=20+15=35(점)

하루 한장 쏙셈
칭찬 붙임딱지

하루의 학습이 끝날 때마다 칭찬 트리에
붙임딱지를 붙여서 꾸며 보세요.

매일매일 학습이 완료되면
칭찬 트리에 붙여 봐!

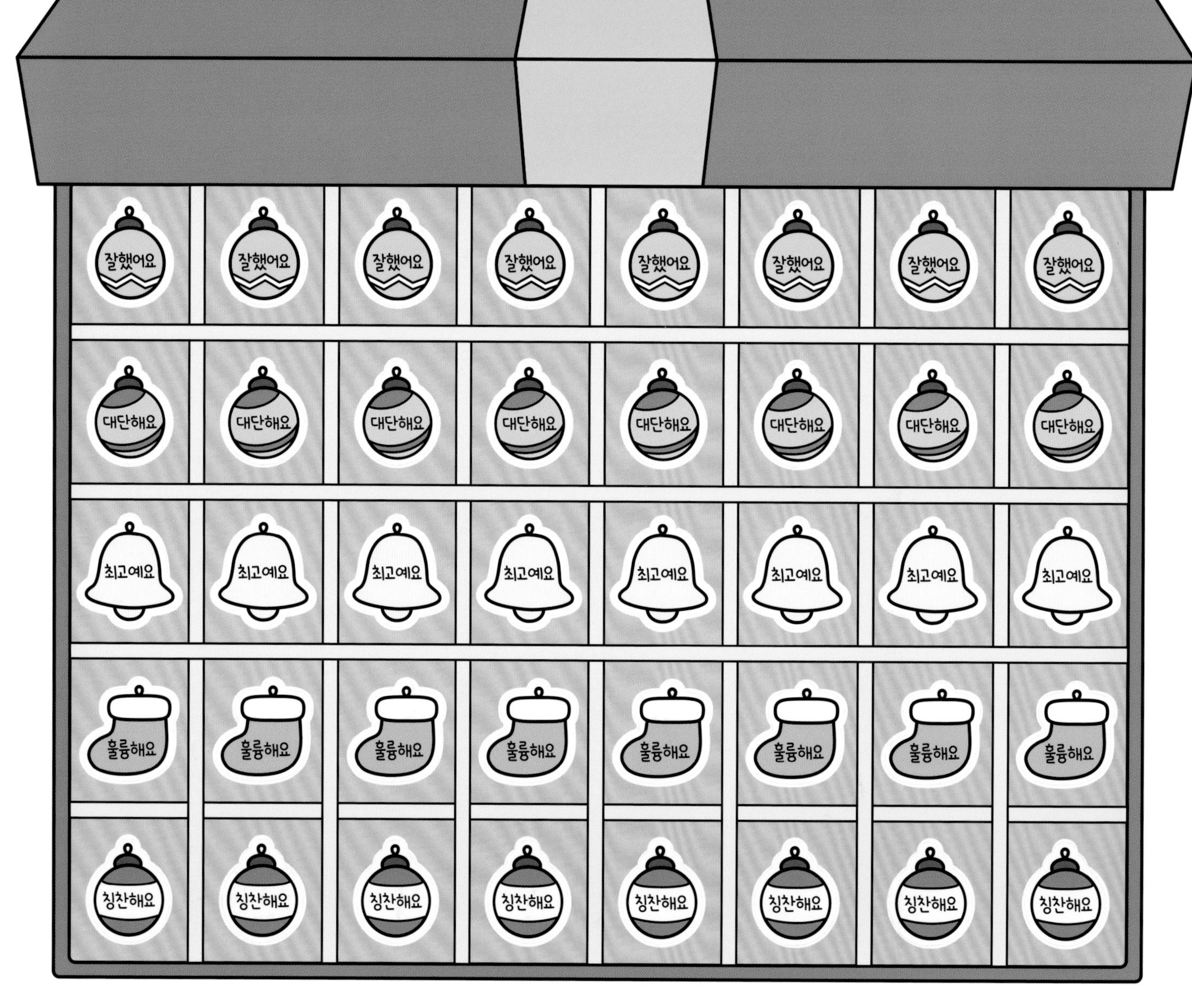